上海市工程建设规范

民用建筑电气防火设计标准

Standard for fireproofing design of electric in civil buildings

DG/TJ 08—2048—2024

J 11323—2024

主编单位:华东建筑设计研究院有限公司

上海市消防救援总队

批准部门:上海市住房和城乡建设管理委员会

施行日期:2024 年 9 月 1 日

同济大学出版社

2024 上海

图书在版编目(CIP)数据

民用建筑电气防火设计标准 / 华东建筑设计研究院有限公司，上海市消防救援总队主编. --上海：同济大学出版社，2024.8. -- ISBN 978-7-5765-1205-2

Ⅰ. TU24-65;TU892-65

中国国家版本馆 CIP 数据核字第 2024N96P05 号

民用建筑电气防火设计标准

华东建筑设计研究院有限公司
上海市消防救援总队 **主编**

责任编辑 朱 勇

责任校对 徐春莲

封面设计 陈益平

出版发行 同济大学出版社 www.tongjipress.com.cn

(地址：上海市四平路 1239 号 邮编：200092 电话：021 - 65985622)

经 销 全国各地新华书店

印 刷 浦江求真印务有限公司

开 本 889mm×1194mm 1/32

印 张 3.625

字 数 91 000

版 次 2024 年 8 月第 1 版

印 次 2024 年 8 月第 1 次印刷

书 号 ISBN 978-7-5765-1205-2

定 价 40.00 元

上海市住房和城乡建设管理委员会文件

沪建标定〔2024〕128 号

上海市住房和城乡建设管理委员会关于批准《民用建筑电气防火设计标准》为上海市工程建设规范的通知

各有关单位：

由华东建筑设计研究院有限公司、上海市消防救援总队主编的《民用建筑电气防火设计标准》，经我委审核，现批准为上海市工程建设规范，统一编号为 DG/TJ 08—2048—2024，自 2024 年 9 月 1 日起实施。原《民用建筑电气防火设计规程》（DGJ 08—2048—2016）同时废止。

本标准由上海市住房和城乡建设管理委员会负责管理，华东建筑设计研究院有限公司负责解释。

上海市住房和城乡建设管理委员会

2024 年 3 月 12 日

前　言

根据上海市住房和城乡建设管理委员会《关于印发〈2022 年上海市工程建设规范、建筑标准设计编制计划〉的通知》（沪建标定〔2021〕829 号）要求，本标准由华东建筑设计研究院有限公司、上海市消防救援总队会同有关单位，在原上海市工程建设规范《民用建筑电气防火设计规程》DGJ 08—2048—2016 的基础上修订而成。

在本标准修订过程中，修订组遵循国家相关法律、法规和技术标准，经广泛调查研究，认真总结实践经验，参考国内外相关标准规范，并在广泛征求意见的基础上，最后经审查定稿。

本标准共分 8 章和 6 个附录，主要内容包括：总则、术语、基本规定、消防电源、配电设备装置、电气综合管理平台、消防应急照明和疏散指示系统、电线电缆的选择与敷设。

本标准修订的主要技术内容有：

1. 调整了建筑物的电气防火等级。

2. 增加了电动汽车库公共车库的消防报警系统设置要求。

3. 调整了原电气综合监控系统章节内容。

4. 增加了消防用电线电缆的相关内容等。

各单位及相关人员在执行本标准过程中，如有意见和建议，请反馈至上海市住房和城乡建设管理委员会（地址：上海市大沽路 100 号；邮编：200003；E-mail：shjsbzgl@163. com），华东建筑设计研究院有限公司（地址：上海市汉口路 151 号；邮编：200002；E-mail：yuxiang_shen@ecadi. com），上海市建筑建材业市场管理总站（地址：上海市小木桥路 683 号；邮编：200032；E-mail：shgcbz@163. com），以供今后修订时参考。

主 编 单 位:华东建筑设计研究院有限公司
上海市消防救援总队

参 编 单 位:同济大学建筑设计研究院(集团)有限公司
上海建筑设计研究院有限公司
施耐德电气(中国)投资有限公司
深圳 ABB 电动交通科技有限公司
悠信(上海)电气设备有限公司
上海瑞眼科技有限公司
珠海西默电气股份有限公司
高桥防火科技股份有限公司
上海盛善电气有限公司
上海优泰欧申智能科技有限公司
沈阳宏宇光电子科技有限公司
江苏亨通电力电缆有限公司
上海汇珏网络通信设备股份有限公司

主要起草人:沈育祥 胡 波 王 斌 杨 波 黄晓波
沈冬冬 殷小明 严 晨 赵华亮 钱梓楠
吴 军 宋 飞 王 晔 金大算 李 军
周 润 杨小琴 陈锡良 钱 好 高春朋
黄 鹏 付 翔 叶本开 曹 科 凌 杰
牟宏伟 管新元 徐 峰 王 策

主要审查人:沈友弟 杨 彤 王 晨 高小平 谈 莹
楼志雄 冯学新

上海市建筑建材业市场管理总站

目　次

1　总　则 …………………………………………………… 1
2　术　语 …………………………………………………… 2
3　基本规定 …………………………………………………… 5
3.1　建筑的电气防火分级 …………………………………… 5
3.2　火灾自动报警系统 ……………………………………… 6
3.3　消防设施物联网系统 …………………………………… 7
3.4　消防管理室、主(分)消防控制室及消防(防灾)指挥中心 …………………………………………………… 7
4　消防电源 …………………………………………………… 10
4.1　供电电源 ………………………………………………… 10
4.2　自备发电机组 …………………………………………… 11
4.3　EPS应急电源装置 ……………………………………… 12
4.4　供配电系统 ……………………………………………… 12
5　配电设备装置 ……………………………………………… 14
5.1　一般规定 ………………………………………………… 14
5.2　普通配电(控制)箱 ……………………………………… 15
5.3　消防配电(控制)箱 ……………………………………… 15
5.4　其他各类电气设备及保护装置 ………………………… 16
6　电气综合管理平台 ………………………………………… 19
6.1　一般规定 ………………………………………………… 19
6.2　感知层 …………………………………………………… 19
6.3　传输层 …………………………………………………… 21
6.4　管理层 …………………………………………………… 21

7 消防应急照明和疏散指示系统 …… 23
7.1 消防应急照明 …… 23
7.2 疏散指示标志 …… 24
8 电线电缆的选择与敷设 …… 28
8.1 一般规定 …… 28
8.2 普通设备配电线路的选用 …… 29
8.3 消防设备配电线路的选用 …… 30
8.4 电线电缆的敷设 …… 31
附录A 管路吸气式感烟探测火灾自动报警系统 …… 33
附录B 图像型火灾自动报警系统 …… 37
附录C 线型光纤火灾自动报警系统 …… 40
附录D 对射型火灾自动报警系统 …… 42
附录E 电线电缆型号标识 …… 44
附录F 常用阻燃电线电缆非金属材料容量计算及参考表 …… 49
本标准用词说明 …… 55
引用标准名录 …… 56
标准上一版编制单位及人员信息 …… 57
条文说明 …… 59

Contents

1 General provisions ······ 1
2 Terms ······ 2
3 Basic requirements ······ 5
3.1 Electrical fire classification of buildings ······ 5
3.2 Fire alarm system ······ 6
3.3 Internet of things system of fire protection facilities ······ 7
3.4 Fire manage room, main (sub) fire control room and fire control (disaster prevention) command center ······ 7
4 Fire power supply ······ 10
4.1 Power supply ······ 10
4.2 Self-provided generator set ······ 11
4.3 EPS emergency power supply device ······ 12
4.4 Power supply and distribution system ······ 12
5 Power distribution equipment ······ 14
5.1 General requirement ······ 14
5.2 Normal power distribution (control) panel ······ 15
5.3 Power distribution (control) panel for fire protection ······ 15
5.4 Other types of electrical equipments and protective equipments ······ 16
6 Electrical comprehensive management platform ······ 19
6.1 General requirement ······ 19

6.2 Perception layer 19
6.3 Transport layer 21
6.4 Manage layer 21
7 Fire emergency lighting and evacuation indicating sign 23
7.1 Fire emergency lighting 23
7.2 Evacuation indicating sign 24
8 Selection and installation of wires and cables 28
8.1 General requirement 28
8.2 Selection of distribution line for general equipments 29
8.3 Selection of distribution line for fire power equipments 30
8.4 Laying of wires and cables 31
Appendix A Automatic fire alarm system based on pipeline aspirating smoke detection 33
Appendix B Video-based fire detection system 37
Appendix C Line fiber fire detection system 40
Appendix D Infra-red fire detection system 42
Appendix E Type identification of electrical line 44
Appendix F Capacity calculation and reference table for non-metallic materials of flame retardant wire and cable 49
Explanation of wording in this standard 55
List of quoted standards 56
Standard-setting units and personnel of the previous version 57
Explanation of provisions 59

1 总 则

1.0.1 为预防电气设备和线路故障引起火灾，减少火灾危害，保护人身和财产安全，制定本标准。

1.0.2 本标准适用于新建、扩建和改建民用建筑的电气防火设计。

1.0.3 民用建筑电气防火设计应做到安全适用、技术先进、经济合理，保障火灾时消防设备可靠运行。

1.0.4 民用建筑电气防火设计除应符合本标准外，尚应符合国家、行业和本市现行有关标准的规定。

2 术 语

2.0.1 消防配电(控制)箱 power distribution (control) panel for fire protection

对消防水泵、防排烟设备、电动防火门(窗)、防火卷帘、电动防火阀、消防电梯、应急照明等各类消防负荷进行配电或控制的装置。

2.0.2 消防应急电源 fire emergency power

在主用电源发生故障时,为消防用电设备供电的电源。包括为消防用电设备供电的备用电源和应急电源。

2.0.3 消防应急照明 fire emergency lighting

当正常照明中断时,用于人员疏散和消防作业的照明。消防应急照明包括疏散照明和备用照明。

2.0.4 疏散照明 evacuation lighting

用于确保疏散通道被有效地辨认和使用的应急照明。

2.0.5 备用照明 stand-by lighting

用于确保正常活动继续或暂时继续进行的应急照明。

2.0.6 消防疏散指示标志 fire evacuation indicating sign

用于指示疏散方向和位置并引导人员疏散的标志,包括疏散方向指示标志、出口标志等。

2.0.7 阻燃电线电缆 flame retardant wires and cables

在规定试验条件下被燃烧,在撤去火源后火焰在试样上的蔓延仅在限定范围内,具有阻止或延缓火焰发生或蔓延能力的电线电缆。

2.0.8 耐火电线电缆 fire resistant wires and cables

在规定的火源和时间下燃烧时,能持续地在指定条件下运行的电线电缆。

2.0.9 无卤低烟阻燃电线电缆 halogen free low smoke flame retardant wires and cables

燃烧时释出气体的卤素(氟、氯、溴、碘)含量均小于等于1.0 mg/g,且燃烧时产生的烟雾浓度不会使能见度(透光率)下降到影响逃生的阻燃电线电缆。

2.0.10 无卤低烟阻燃耐火电线电缆 halogen free low smoke fire resistant wires and cables

在规定的火源和时间下燃烧时能持续地在指定条件下运行的无卤低烟阻燃电线电缆。

2.0.11 电气综合管理平台 electrical comprehensive management platform

在建筑供配电系统的基础上,基于配电系统电气参数、通信网络、物联网技术,用于保障建筑物电气防火安全、辅助配电系统运维决策的物联网架构信息管理平台,具有数据收集和输入、数据传输、数据存储、数据分析和输出的功能,支持与电气火灾监控、电力监控、能耗监测、消防设备电源监控、防雷监控、建筑设备监控、消防设施物联网等应用系统主机的数据交互,支持光伏电站管理系统、储能电池管理系统、电动车充电管理系统等的接入。

2.0.12 电气综合监控单元 electrical comprehensive monitoring uint

具有综合采集电压、电流、频率、剩余电流、温度、开关状态等信息的功能,能实现对电压、电流、频率、功率、电能、谐波、阻性剩余电流、温度、故障电弧、开关状态等的故障诊断,并在越限事件发生时进行报警及控制的感知设备。

2.0.13 电气防火限流式保护器 current limiting protector for electric fire prevention

当被保护的电气线路上发生短路或过载的电流超过保护器设定的整定值时,能以微秒级的速度实行快速分断限流保护,使得线路中的瞬时电流不再继续急剧上升而引发电气火灾的电气保护装置。其短路限流时间不大于 150 μs，过载限流时间视过载电流的大小在 3 s～60 s 之间延迟执行限流保护。

2.0.14 电弧故障保护电器(AFDD) arc fault detection devices

能够在电弧发生时快速判断电弧故障并及时断开故障电路的装置，分为直流电弧故障保护电器和交流电弧故障保护电器。

3　基本规定

3.1　建筑的电气防火分级

3.1.1　建筑的电气防火等级，根据建筑的高度、使用性质、火灾危险性、疏散和扑救难度等因素，可分为特级、一级、二级和三级，并应符合表 3.1.1 的规定。

表 3.1.1　建筑的电气防火分级

<table>
<tr><th>等级</th><th colspan="2">使用场所</th></tr>
<tr><td>特级</td><td colspan="2">1. 建筑高度大于 100 m 的公共建筑；
2. 建筑面积大于 100 000 m^2 的高层公共建筑；
3. 建筑面积大于 20 000 m^2 的地下或半地下商场、餐饮等人员密集的场所</td></tr>
<tr><td rowspan="5">一级</td><td colspan="2">除特级以外的一类高层民用建筑</td></tr>
<tr><td colspan="2">特大型、大型体育场馆、剧场、电影院建筑</td></tr>
<tr><td colspan="2">Ⅰ类汽车库</td></tr>
<tr><td>建筑高度不大于 24 m 的公共建筑及建筑高度大于 24 m 的单层公共建筑</td><td>1. 任一层建筑面积大于 3 000 m^2 的商业楼、展览楼、高级旅馆、财贸金融楼、电信楼、高级办公楼；
2. 重要的科研楼、资料档案楼；
3. 重点文物保护场所；
4. 单栋地上建筑面积大于 50 000 m^2 的公共建筑；
5. 建筑面积大于 1 000 m^2 的公共娱乐场所、建筑面积(不含厨房)大于 1 000 m^2 的餐饮场所</td></tr>
<tr><td>地下公共建筑</td><td>1. 长度大于 1 000 m 的城市交通隧道；
2. 地下电影院、剧场、礼堂；
3. 建筑面积大于 1 000 m^2 但不大于 20 000 m^2 的商场、餐厅、展览厅及其他人员密集的场所；
4. 重要的实验室及图书、资料、档案库；
5. 地铁地下车站及区间</td></tr>
</table>

续表3.1.1

<table>
<tr><th>等级</th><th colspan="2">使用场所</th></tr>
<tr><td rowspan="4">二级</td><td colspan="2">二类高层民用建筑</td></tr>
<tr><td colspan="2">Ⅱ类汽车库、Ⅲ类汽车库、Ⅰ类修车库</td></tr>
<tr><td>建筑高度不大于24 m的公共建筑及建筑高度大于24 m的单层公共建筑</td><td>1. 任一层建筑面积大于1 500 m^2但不大于3 000 m^2的商业楼、展览楼、旅馆、财贸金融楼、电信楼、办公楼等公共建筑；
2. 区县级的邮政、广播电视、电力调度、防灾指挥调度楼；
3. 中型及以下的体育场馆、剧场、电影院建筑；
4. 图书馆、书库、档案楼；
5. 建筑面积大于500 m^2但不大于1 000 m^2的公共娱乐场所；
6. 客运或货运等类似用途的建筑</td></tr>
<tr><td>地下公共建筑</td><td>1. 长度不大于1 000 m的城市交通隧道；
2. 建筑面积大于500 m^2但不大于1 000 m^2的商场、餐厅、展览厅及其他人员密集的场所</td></tr>
<tr><td>三级</td><td colspan="2">不属于特级、一级、二级场所的其他民用建筑</td></tr>
</table>

注：1 一类、二类高层建筑的划分，应符合现行国家标准《建筑设计防火规范》GB 50016的规定。

2 体育场馆、剧场、电影院建筑的规模划分，应符合现行行业标准《体育建筑设计规范》JGJ 31、《剧场建筑设计规范》JGJ 57及《电影院建筑设计规范》JGJ 58的规定。

3 汽车库、修车库的分类，应符合现行国家标准《汽车库、修车库、停车场设计防火规范》GB 50067的规定。

3.2 火灾自动报警系统

3.2.1 火灾自动报警系统设计应符合现行国家标准《消防设施通用规范》GB 55036、《建筑防火通用规范》GB 55037、《火灾自动报警系统设计规范》GB 50116的规定。

3.2.2 设置了电动汽车充电设施的地下公共停车库，应设置火灾自动报警系统。对于设有视频监控系统的建筑，快充车位处应增设视频监控点位。

3.2.3 除现行国家标准规定应设置火灾自动报警系统的幼儿园、托儿所、老年人照料设施、医院及疗养院的病房楼外，其他托育机构、小型幼儿园的儿童活动场所、寄宿制学校的寝室或宿舍、疗养院的病房楼以及医院门诊楼、病房楼和手术部应加装独立式火灾探测报警器。

3.2.4 管路吸气式感烟探测火灾自动报警系统的设置应符合本标准附录A的相关规定。

3.2.5 图像型火灾自动报警系统的设置应符合本标准附录B的相关规定。

3.2.6 线型光纤火灾自动报警系统的设置应符合本标准附录C的相关规定。

3.2.7 对射型火灾自动报警系统的设置应符合本标准附录D的相关规定。

3.3 消防设施物联网系统

3.3.1 消防设施物联网系统设计应符合现行国家标准《城市消防远程监控系统技术规范》GB 50440及现行上海市工程建设规范《消防设施物联网系统技术标准》DG/TJ 08—2251的规定。

3.3.2 消防设施物联网系统对电气火灾、消防设备电源的监测，宜通过电气综合管理平台实施，并符合本标准第6.1.4条的规定。

3.4 消防管理室、主(分)消防控制室及消防(防灾)指挥中心

3.4.1 消防管理室可具有对其服务场所的火灾自动报警及消防联动控制功能。

3.4.2 主(分)消防控制室应具有对其服务场所的火灾自动报

警、消防联动控制及手动控制功能。

3.4.3 消防(防灾)指挥中心宜具有对其服务场所的火灾自动报警、消防联动信号显示、火灾扑救指挥及安全防范指挥等功能。

3.4.4 下列建筑除设置主消防控制室外,还宜设置分消防控制室或消防管理室:

1 含有商业、办公、酒店、公寓等2种及以上不同业态或不同物业管理的建筑。

2 建筑面积大于500 000 m^2的建筑或设置了2套及以上相互独立的消防给水系统的建筑。

3.4.5 主(分)消防控制室、消防管理室的设置应符合下列规定:

1 服务于高度大于250 m的超高层建筑的消防控制室应设置在建筑物首层。

2 除第1款以外,其他建筑的主(分)消防控制室应设置在建筑物首层或地下一层。

3 消防管理室可根据其功能要求设置在其服务区域范围内,且具有明显标志,至最近安全出口的距离不应大于10 m。

4 当建筑物内设置安防视频控制室时,消防控制室宜与安防视频控制室合用;当合用时,消防控制设备与安防视频监控设备应分区设置。

3.4.6 当建筑内设有主消防控制室、分消防控制室或消防管理室时,其报警与联动功能设置应符合下列规定:

1 主消防控制室应能接收分消防控制室或消防管理室上传的消防信号,并应能直接控制共同使用的消火栓泵、喷淋泵和其他消防自动灭火设施。

2 分消防控制室应能向主消防控制室传送所有的消防信号,并应能直接控制本区域关联的消火栓泵、喷淋泵。

3.4.7 当建筑面积大于1 000 000 m^2时,应在建筑主要入口处且消防车能够抵达的部位设置消防(防灾)指挥中心。

3.4.8 当建筑物内局部区域设有独立的火灾报警及灭火子系统时，该区域内火灾自动报警系统可不再重复设置，但应接收子系统的动作信号。

3.4.9 当建筑光伏系统设有快速关断功能时，应能在消防控制室对系统的直流和交流回路实现快速分断。

4 消防电源

4.1 供电电源

4.1.1 下列建筑物，消防用电设备应按特级负荷要求供电：

1 建筑高度等于或大于150 m的高层公共建筑。

2 建筑面积大于250 000 m^2 的高层公共建筑。

3 建筑面积大于40 000 m^2 的地下或半地下人员密集的场所。

4.1.2 除本标准第4.1.1条规定外，其他电气防火等级为特级的建筑物，消防用电设备应按一级负荷要求供电，且宜设置自备发电机组或第三路市电作为消防应急电源。

4.1.3 电气防火等级为一级的建筑物，消防用电设备的供电负荷等级不应低于一级。

4.1.4 电气防火等级为二级的建筑物，消防用电设备的供电负荷等级不应低于二级。

4.1.5 特级负荷、一级负荷及二级负荷的供电电源要求应符合现行国家标准《建筑电气与智能化通用规范》GB 55024的相关规定。

4.1.6 下列电源可作为建筑物消防应急电源：

1 独立于正常工作电源的，由专用馈电线路输送的城市电网电源。

2 独立于正常工作电源的发电机组。

3 蓄电池及蓄电型的应急电源装置。

4 建筑外能够保持持续供电的区域分布式能源站提供的独立于正常工作电源外的专用供电回路。

4.1.7 当采用自备发电机作为消防应急电源时，消防用电设备的应急供电回路应引自消防专用配电母排。当正常供电回路出现故障时，系统应能自动切换至应急供电回路。

4.1.8 消防设备的供电回路应符合下列要求：

1 电气防火等级为特级、一级的建筑，其消防用电设备应由不同电源的两个低压回路供电。

2 电气防火等级为二级的建筑，其消防用电设备宜由不同电源的两个低压回路供电。

3 电气防火等级为三级的建筑，其消防用电设备可由单回路供电。

4.1.9 消防设施的供电电源的选择应符合下列规定：

1 消防水泵、消防电梯、防排烟风机等消防设备，不宜采用蓄电池装置作为应急电源供电。

2 消防疏散照明灯具的应急电源可采用集中电源的蓄电池组或灯具自带蓄电池。

3 当消防水泵取得第二路市政电源有困难时，消防水泵备用泵可采用柴油机消防水泵。

4.1.10 当建筑内根据使用功能需要设置自备发电机时，该自备发电机宜兼作建筑物消防用电设备的应急电源。火灾发生时，应能切断由自备发电机供电的非消防用电设备的供电电源。

4.1.11 消防应急电源持续供电时间和供电容量，应满足该建筑设计火灾延续时间内各消防用电设备的使用要求。

4.1.12 当变配电所为消防设施供电时，应设置消防专用低压配电柜。

4.2 自备发电机组

4.2.1 当建筑物内设置柴油发电机组时，应符合下列规定：

1 当柴油发电机供电传输距离大于 250 m 时，宜选用高压柴油发电机；当供电传输距离大于 400 m 时，应选用高压柴油发电机。

2 当采用多台低压柴油发电机并机时，并机后主母排的额定电流值不宜大于 6 300 A。

4.2.2 为消防用电设备设置的自备发电机组，应具备自动启动功能。从启动至其正常供电的时间，低压发电机组不应大于 30 s，高压发电机组不应大于 60 s。

4.2.3 自备发电机组宜靠近用电负荷中心或变电所设置。

4.2.4 自备发电机组作为第二路电源时，应设置在建筑物的首层或地下一层。自备发电机组作为第三路电源时，可设置在建筑物的首层、地下一层、地下二层或建筑屋顶。

4.2.5 自备发电机组应考虑不低于 3 h 的用油量。在机房内设置储油间时，单个储油间的总储油量不应大于 1 m^3。

4.2.6 设置在建筑内的自备发电机房应考虑通风方便，并宜靠近建筑外墙设置。

4.3 EPS 应急电源装置

4.3.1 当采用 EPS 集中电源作为消防应急照明系统的备用电源时，其设计和选用应符合下列规定：

1 其额定输出功率不应小于所连接的应急照明负荷总容量的 1.3 倍。

2 蓄电池供电的持续工作时间，应符合现行国家标准《建筑防火通用规范》GB 55037 的相关规定。

4.3.2 设置 EPS 装置的房间应采取通风措施，场所的环境温度不应超出电池的标称工作温度范围，楼板结构应满足 EPS 装置的荷载。

4.4 供配电系统

4.4.1 消防应急电源与正常电源之间必须采取防止并列运行的措施。

4.4.2 消防用电设备应采用专用的供电回路，其配电设备应设有明显标志。配电线路和控制回路宜按防火分区划分。

4.4.3 电气防火等级为特级、一级的建筑物或由两个回路供电的电气防火等级为二级的建筑物，其消防用电设备的配电系统应符合下列规定：

1 消防设备的低压配电级数不应超过三级。

2 消防控制室、消防水泵和消防电梯应采用变电所或总配电室放射式供电、双电源末端自动切换的方式。

3 设置在同一防火分区的防烟排烟风机、消防排水泵等设备，其供电电源可由本防火分区内的消防双电源切换箱单回路放射式供电。

4 对于同一防火分区内的防火卷帘、电动挡烟垂壁等作用相同、性质相同且容量较小的消防设备，可共用一个分支回路供电，每个分支回路所供设备不应超过 5 台，容量不应超过 10 kW。

4.4.4 除住宅外，消防应急照明的供配电系统应符合下列规定：

1 电气防火等级为特级、一级的场所，其疏散照明的正常供电电源应采用两路电源切换后供电。

2 电气防火等级为二级、三级的场所，其疏散照明的供电电源可采用单回路市政电源与蓄电池结合的电源供电。

3 疏散照明灯具应设置集中电源的蓄电池组或灯具自带蓄电池作为备用电源。

4 为应急照明配电箱或应急照明集中电源供电的双电源自动切换箱，可每五层设置 1 台，但不宜超过八层。

5 备用照明应采用正常照明电源和消防应急电源切换后供电。

5 配电设备装置

5.1 一般规定

5.1.1 配电设备装置内的导体、电器及支架的选择应满足其在正常运行、过电流、过电压情况下的要求，所有连接导体应满足所处环境下动稳定和热稳定的要求。

5.1.2 配电设备装置的绝缘耐受电压应与供电系统的额定电压相匹配。

5.1.3 配电箱(柜)和控制箱的金属构架及金属外壳，均应有良好的接地措施，配电箱(柜)内保护导体应有裸露的连接外部保护导体的端子。

5.1.4 配电(控制)箱选型应符合下列规定：

1 配电(控制)箱应具有国家、行业认定的质量证明文件。

2 配电(控制)箱内的电器元件及外壳防护等级选型应与其所处的环境条件相适应。

3 配电(控制)箱内保护装置的整定值和保护元件的规格，应与被保护的线路或设备的额定容量相匹配。

4 保护电器应装设在被保护线路与电源线路的连接处，其设置位置应便于操作维护。

5.1.5 民用建筑中电气设备线路的连接应符合下列规定：

1 电气设备线路的导线应采用铜压接端头连接，表面应做镀锡、镀银等被覆处理。

2 铜线与铝线连接时，应采用铜铝过渡接头或镀锡、镀银。

3 配电(控制)箱内接线端子的结构应保证良好的电气连接和预期的载流能力，并应有足够的机械强度。

5.2 普通配电(控制)箱

5.2.1 普通配电(控制)箱宜按楼层或防火分区设置。

5.2.2 普通配电(控制)箱设置应符合下列规定:

1 设置于建筑物外墙、剪力墙、结构柱、防火墙以及水泵房、厨房等潮湿场所的配电箱,不应采用嵌入式安装方式。

2 设置在机房、配电间等设备专用房间内时,宜采用挂壁式或落地式安装方式。

3 配电(控制)箱应远离可燃、易燃物品。

5.3 消防配电(控制)箱

5.3.1 为消防用电设备供电的配电箱,应按楼层或防火分区设置。

5.3.2 消防配电(控制)箱设置应符合下列规定:

1 除防火卷帘、电动挡烟垂壁、电动排烟窗、消防兼用的排水泵控制箱外,为消防控制室、消防水泵、防烟排烟风机、消防电梯供电的配电(控制)箱应设置在相应的机房内;如无专用机房,应设置在所在防火分区的配电间内。

2 火灾时需要继续工作的场所的备用照明以及避难层的备用照明供电的配电(控制)箱应设置在相应的机房或配电间内。

5.3.3 消防用电设备的配电(控制)箱,其箱面应有明显的红色标志。

5.3.4 消防用电设备的供电回路,过负荷保护应仅作用于报警信号而不应切断电路,且报警信号应发送至消防控制室或运维管理人员。

5.3.5 消防专用设备不应采用变频调速或软启动控制方式。

5.4 其他各类电气设备及保护装置

5.4.1 设置在建筑物内的变压器应符合下列规定：

1 应采用干式变压器、气体绝缘变压器或非可燃性液体绝缘变压器。

2 变压器与其他配电装置贴临设置在同一房间内时，应具有不低于 IP2X 的防护外壳，其与门、侧墙、后壁及其他设备之间的间距应符合现行国家标准《民用建筑电气设计标准》GB 51348 的相关规定。

5.4.2 断路器应符合下列规定：

1 高压断路器应采用真空或气体绝缘的断路器，低压断路器的壳体应采用阻燃材料。

2 配电箱(柜)内的高压断路器、低压框架式断路器的金属外壳或底座，均应可靠接地。

5.4.3 电容器应符合下列规定：

1 应采用不燃或难燃介质的电容器。

2 安装电容器组的框架和柜体，应采用不燃或难燃的材料制作。

3 电容器组的框架和柜体，应可靠接地。

5.4.4 母线槽应符合下列规定：

1 母线槽的金属外壳、支架等外露可导电部分，应可靠接地。

2 母线槽的外壳表面应覆盖阻燃、无眩目反光的涂层。母线槽内导体支撑件应选用阻燃的绝缘材料，同时应具有足够的机械性能，绝缘材料的表面温升值不应超过 55 K。

3 消防设备供电用耐火母线槽应满足耐火温度 950℃、持续供电时间 180 min 的要求，其耐火性能应通过现行行业标准《母线干线系统(母线槽)阻燃、防火、耐火性能的试验方法》XF/T 537 规定的测试,各连接段应与母线干线具有相同的耐火性能。

5.4.5 自动转换开关电器(ATSE)应符合下列规定:

1 ATSE的使用类别应达到AC-33。

2 当采用PC级ATSE时,其触头额定容量不应小于回路负荷电流的125%。

3 当采用CB级ATSE为消防负荷供电时,应采用仅有短路保护的断路器组成的ATSE。

4 当ATSE具有断电位置并满足隔离要求时,可利用其断电位置实现非消防电源切断功能。

5.4.6 EPS电源装置的设置应符合下列规定:

1 EPS的设置场所不应有可燃气体管道、易燃物、腐蚀性气体或蒸汽。

2 集中式EPS电源装置宜设置在专用机房内。

3 分散式EPS电源装置宜设置在配电间内。

5.4.7 电涌保护器(SPD)的设置应符合下列规定:

1 应在SPD支路的前端设置能安全分断该支路预期工频短路电流的脱离器,该脱离器应能耐受通过SPD的电涌电流。

2 设置了电气综合管理平台的建筑,SPD宜设置监测感知单元,并符合本标准第6.2.8条的规定。

5.4.8 电气防火限流式保护器的设置应符合下列规定:

1 应设置在末端配电箱的进线开关后侧,其额定电流值应与所处回路的保护开关一致。

2 可燃物品库房等场所的末端配电回路应设置电气防火限流式保护器。

3 档口式家电商场、批发市场、集贸市场的末端配电箱宜设置电气防火限流式保护器。

5.4.9 电弧故障保护电器(AFDD)的设置应符合下列规定:

1 应能同时断开相线和中性线。

2 文物建筑和新建木结构建筑中的照明、插座末端配电箱应设置电弧故障保护电器。

3 幼儿园、托儿所、老年人照料设施、集体宿舍、保租房等场所的末端配电箱宜设置电弧故障保护电器。

4 高度大于 12 m 的高大空间的照明回路，宜设置电弧故障保护电器。

5 光伏发电系统中逆变器的直流侧，宜设置直流型电弧故障保护电器。

5.4.10 电动汽车充电设施末端配电箱配出回路的保护应符合下列规定：

1 应设置过载、短路等故障保护。

2 交流充电桩应单独设置 A 型或 B 型的剩余电流保护器(RCD)保护，其额定剩余动作电流不大于 30 mA，且 RCD 应切断包括中性导体在内的所有带电导体；多台充电设备不应共用一个 RCD 保护。

3 充电桩末端供电回路应设置电气防火限流式保护器。

4 不应采用三相保护电器对单相分支回路进行保护。

6 电气综合管理平台

6.1 一般规定

6.1.1 电气综合管理平台应由感知层、传输层和管理层组成。

6.1.2 电气防火等级为特级、一级的公共建筑应设置电气综合管理平台，电气防火等级为二级的公共建筑宜设置电气综合管理平台。

6.1.3 电气综合管理平台应具有与其他应用系统主机的数据交互的功能，与电气火灾监控主机及消防设备电源监控系统主机的通信应采用独立专用网。

6.1.4 电气综合管理平台应具有与消防设施物联网系统进行数据传输的功能，可通过综合网或专用网将电气火灾监控信号、消防设备电源监控信号及系统故障报警信号传输至消防设施物联网系统。

6.2 感知层

6.2.1 感知层设备应具有信息采集或数据分析、计算、存储等功能，并能将相关数据、信息传输至平台管理层。

6.2.2 下列公共建筑的供配电系统中应设置电气综合监控单元，并符合本标准第6.2.3条的规定：

1 电气防火等级为特级的公共建筑。

2 特大型或大型的体育场馆、剧场、电影院、博物馆、会展建筑。

3 五星级及以上酒店。

4 甲级及以上的档案馆。

5 藏书量超过 100 万册的图书馆。

6 大型商店建筑。

7 三级甲等及以上的医疗建筑。

8 大型、重要的交通建筑。

9 一级及以上的金融建筑。

10 A 级数据中心。

6.2.3 配电系统的下列部位应设置电气综合监控单元：

1 变电所低压柜出线侧。

2 除第 1 款以外，需要设置 2 种以上功能感知设备的配电箱(柜)。

6.2.4 电气综合监控单元宜安装在配电箱(柜)面板上，采集范围不应超出单个配电箱(柜)，其工作电源宜从就近箱(柜)内获取。

6.2.5 配电系统的下列部位应设置电气火灾监测：

1 电气防火等级为特级、一级的建筑，其变电所出线侧及第一级配电柜(箱)进线侧。当第一级配电柜(箱)由变电所放射式供电时，可不重复设置。

2 电气防火等级为二级的建筑，其第一级配电(柜)箱的进线侧。

6.2.6 配电系统的下列部位应设置消防设备电源监测：

1 变配电所为消防设备供电的配电回路，包括应急发电机系统的配电回路。

2 消防配电(控制)箱内，双电源切换装置的电源进线侧与出线侧。

6.2.7 变配电系统的下列部位应设置电力系统监控：

1 变配电所内的高压配电回路的进线侧及出线侧。

2 电力变压器的温控器处。

3 0.4 kV 低压配电回路进线侧及各馈电回路的出线侧。

4 变电所直流操作电源。

5 柴油发电机的启动及控制柜处。

6 分布式供能系统的并网柜处。

7 储能系统的电源并网处。

6.2.8 变配电系统的下列部位宜设置防雷监测：

1 电力变压器低压侧。

2 室外及屋面配电箱的电源进线侧。

3 第一级配电箱的进线侧。

4 电子信息设备的电源进线侧。

5 光伏汇流箱的直流电源进线侧。

6.3 传输层

6.3.1 传输层设计应符合下列规定：

1 应由网关、网络交换机及通信线路等组成。

2 网关、交换机与管理层主机之间的链路协议应采用 TCP/IP 协议。

3 应能够拓展接入符合系统传输、控制协议的新增设备。

6.3.2 数据量大且实时性要求较高的感知层设备，数据传输应采用有线通信方式。

6.3.3 每个总线回路感知层设备不宜超过 25 个，且应留有不少于额定容量 20%的余量。

6.3.4 通信线路应选用阻燃型，并应采取机械防护措施和防火保护措施。

6.4 管理层

6.4.1 电气综合管理平台信息物理空间应与物联网相适应，重要信息传输应采用数据保护措施。

6.4.2 电气综合管理平台应具有数据采集、综合分析及报警控制功能，并能根据采集的信息综合评估供配电系统的安全性。

6.4.3 电气综合管理平台应能与建筑内其他智能化系统通过标准协议互联，并应具有远程联网功能。

6.4.4 管理层软件功能应符合下列规定：

1 采用模块化设计，支持分布式弹性部署安装，数据库、运行态、配置态等功能模块可以独立部署在不同的服务器上。

2 可实现就地监控及 Web 数据分析浏览功能。

3 具有大屏显示接入及分屏调阅、管理控制等功能。

6.4.5 管理层硬件的设置应符合下列规定：

1 主机宜设置在变配电所或消防控制室。

2 应根据数据处理、传输、存储、展示的需要，配置浏览服务器、监控服务器、存储服务器、数据服务器、同步时钟服务器等设备。

3 应配置 UPS 电源装置，且蓄电池持续供电时间应不小于 3 h。

7 消防应急照明和疏散指示系统

7.1 消防应急照明

7.1.1 消防应急照明的设计除应满足现行国家标准《建筑防火通用规范》GB 55037、《消防应急照明和疏散指示系统技术标准》GB 51309 的要求外，尚应符合下列规定：

1 医疗建筑、幼儿园、托儿所、老年人照料设施和小学宿舍的疏散走道，其地面最低水平照度不应低于 5.0 lx。

2 建筑面积大于 100 m^2 的夜间营业的小型餐馆、小型超市等，其地面最低水平照度不应低于 3.0 lx。

3 无自然采光的公共卫生间，其地面最低水平照度不应低于 1.0 lx。

7.1.2 下列场所和部位应设置备用照明，其作业面最低水平照度应保持其正常照明的照度：

1 消防控制室、消防水泵房、防烟和排烟机房、自备电源室（包括发电机房、UPS 室）、变配电间、电话总机房以及在正常照明失效时仍需坚持工作的场所。

2 通信机房、计算机房、BAS 控制中心、安防控制室。

3 避难间及屋顶直升机停机坪。

4 银行柜台及建筑面积大于 5 000 m^2 的大型百货或超市的收银台。

7.1.3 下列场所应急照明的正常供电电源中断时，应急电源的转换时间应符合下列规定：

1 含有台阶、坡道和自动扶梯等高危险场所的疏散照明的应急电源转换时间不应大于 0.25 s，其他场所不应大于 5 s。

2 现金交易场所备用照明的应急电源转换时间不应大于1.5 s,其他场所不应大于5 s。

3 有特殊要求的场所应根据其允许的断电时间来调整转换时间。

7.1.4 消防应急照明和灯光疏散指示标志备用电源的连续供电时间除应满足现行国家标准《建筑防火通用规范》GB 55037、《消防应急照明和疏散指示系统技术标准》GB 51309 的要求外,尚应符合下列规定:

1 火灾状态下,寄宿制幼儿园和小学的宿舍,不应小于1.0 h。

2 非火灾状态下,系统主电源断电后,集中电源或应急照明配电箱应联锁控制其配接的应急照明灯具点亮,灯具持续点亮时间不超过0.5 h。

3 集中电源的蓄电池组和灯具自带蓄电池达到使用寿命周期后标称的剩余容量应满足其在火灾状态及非火灾状态下的持续工作时间。

7.1.5 变配电所、消防控制室、消防水泵房、消防电梯机房、防烟和排烟风机房等房间内的备用照明电源,可由本房间内的消防配电箱供电。

7.1.6 消防应急照明控制应符合下列规定:

1 疏散照明在灾害发生时应处于点亮状态。

2 备用照明可采用就地或时间(程序)控制。

3 住宅的疏散照明可采用声控等节能技术。

4 消防应急照明灯具的供电回路中不应设置可关断灯具充电及关断灯具应急状态的开关装置。

5 消防应急照明灯具的供电回路中不应接入其他负载。

7.2 疏散指示标志

7.2.1 疏散指示标志设计除应符合现行国家标准《建筑防火通

用规范》GB 55037、《建筑设计防火规范》GB 50016 及《消防应急照明和疏散指示系统技术标准》GB 51309 规定的场所设置及其亮度要求外，尚应符合本标准的规定。

7.2.2 消防疏散指示标志的设置应符合下列规定：

1 消防疏散指示标志应设置在醒目位置，不应设置在门、窗或其他可移动的物体上以及可能被其他物体遮挡的位置。

2 消防疏散指示标志的正面或其邻近不应有妨碍公众视读的障碍物。

3 盲人学校等盲人集中的场所应设置声音疏散指示系统。

7.2.3 下列部位应设置出口标志灯：

1 建筑面积大于 100 m^2 的老年人活动用房的出口处。

2 建筑面积大于 300 m^2 或室内最远点至房间门距离超过 15 m 的会议室、多功能厅等公共活动用房的出口处。

3 地下建筑中建筑面积大于 100 m^2 且经常有人停留的房间出口处。

7.2.4 下列部位应设置疏散方向指示标志：

1 长度大于 20 m 的直行走道，长度大于 10 m 的袋型走道。

2 室内最远点至房间出口距离超过 15 m 的通道。

7.2.5 下列建筑或场所应在疏散走道和主要疏散路径的地面上增设能保持视觉连续的灯光疏散指示标志，当采用蓄光疏散标志时，只能作为灯光疏散指示标志的补充：

1 歌舞娱乐放映游艺场所。

2 座位数超过 1 500 个的电影院、剧场，座位数超过 2 000 个的会堂或礼堂，座位数超过 3 000 个的体育馆，座位数超过 20 000 个的体育场。

3 总建筑面积大于 5 000 m^2 的地上商店及总建筑面积大于 500 m^2 的地下或半地下商店。

4 仓储式超市。

5 超市、大卖场等铺位格局经常变动不便于在地面设置能保持视觉连续的灯光疏散指示标志的部位，可采用蓄光型疏散指示标志。

7.2.6 出口标志的设置应符合下列规定：

1 应安装于疏散口的内侧上方，底边距地不宜低于 2.1 m。

2 当疏散出口有多个门相连时，可仅在中间门的正上方安装出口标志灯。

7.2.7 有维护结构的疏散走道上的疏散指示标志的设置应符合下列规定：

1 应设在疏散走道及其转角处距地面高度不大于 1.0 m 的墙面、柱面上或地面上。

2 在转角处安装时，距角边不应大于 1.0 m。

3 疏散指示标志灯的标志面与疏散方向垂直时，间距不应大于 20 m；疏散指示标志灯的标志面与疏散方向平行时，间距不应大于 10 m。

4 当设置在地面上时，疏散指示标志的间距不应大于 3.0 m。

7.2.8 营业厅、展览厅、民航候机楼等大空间场所，或无围护结构的疏散通道，悬挂的疏散指示标志的设置应符合下列规定：

1 方向标志灯应设置于疏散通道上方。

2 当方向标志灯选择吊装时，吊具长度不宜超过 1.0 m。

3 疏散指示标志灯的标志面与疏散方向垂直时，特大型或大型标志灯的间距不应大于 30 m，中型或小型标志灯的间距不应大于 20 m；疏散指示标志灯的标志面与疏散方向平行时，特大型或大型标志灯的间距不应大于 15 m，中型或小型标志灯的间距不应大于 10 m。

7.2.9 疏散走道上能保持视连续的疏散方向指示标志的设置应符合下列规定：

1 应沿疏散走道或主要疏散通道地面的中心线布置。

2 疏散方向指示标志安装间距不应大于 3.0 m。

3 当疏散方向指示标志遇到非疏散出口或安全出口的门时，宜在该处的地面增加疏散方向指示标志。

7.2.10 楼梯间内指示楼层的标志应安装在正对楼梯的本层平面墙上；楼梯间直接通往地下层时，应在首层或地面层设置明显指示出口的安全出口标志。

7.2.11 疏散指示标志灯具安装在地面上时，应符合下列规定：

1 灯具的所有金属构件应采用耐腐蚀构件或做防腐处理。

2 防护等级应符合 IP67 要求。

3 灯具最高点凸出地面不应大于 3 mm，灯具边缘凸出地面不应大于 1 mm。

4 灯具表面的面板可采用厚度为 4 mm 及以上的钢化玻璃，并应符合现行国家标准《消防应急照明和疏散指示系统》GB 17945 的相关规定。

7.2.12 疏散指示标志灯具安装在墙面上时，灯具凸出墙面不宜超过 20 mm。

7.2.13 出口标志和疏散方向指示标志均应符合现行国家标准《消防安全标志》GB 13495 和《消防应急照明和疏散指示系统》GB 17945 的相关规定。

8 电线电缆的选择与敷设

8.1 一般规定

8.1.1 阻燃和耐火电线电缆的燃烧特性及试验方法应符合现行国家标准《阻燃和耐火电线电缆或光缆通则》GB/T 19666 的规定。

8.1.2 电缆的燃烧性能分级及试验方法应符合现行国家标准《电缆及光缆燃烧性能分级》GB 31247 的规定。

8.1.3 电线电缆的型号标识宜按照本标准附录 E 的规定执行。

8.1.4 阻燃或耐火电线电缆应具有国家、行业认定的产品质量证明文件，并应提供根据产品质量法的规定由国家认可的检测部门出具的全性能型式检测报告。

8.1.5 绝缘导体应符合工作电压的要求，电线不应低于 450/750 V，电力电缆不应低于 0.6/1 kV。

8.1.6 室外埋地敷设或室内普通用电设备的配电线路穿管暗敷时，可采用普通电线电缆。

8.1.7 当电线电缆成束敷设时，应采用满足成束阻燃性能要求的电线电缆。

8.1.8 在外部火势作用一定时间内需保持线路完整性和维持通电的场所，其线路应采用耐火电线电缆或耐火母线槽。

8.1.9 电缆选用时应按使用场所和敷设条件选择阻燃类别，但同一建筑物内选用的阻燃电缆和耐火电缆，其阻燃类别宜相同。

8.1.10 高度大于 250 m 的超高层建筑，其中为 150 m 及以上的变电所供电的高压电缆，宜采用超高层建筑用垂吊敷设电缆。

8.1.11 电气防火等级为特级、一级的建筑，明敷的配电线路应采用无卤低烟阻燃型电线电缆。

8.1.12 电气防火等级为二级的建筑，明敷的配电线路宜采用无卤低烟型电线电缆。

8.1.13 医疗建筑、独立建造的老年人照料设施、学校、幼儿园、托儿所，明敷的配电线路应选用无卤低烟低毒阻燃型电线电缆。

8.2 普通设备配电线路的选用

8.2.1 除变配电所内电缆沟外，建筑物内成束敷设的电线电缆，阻燃类别应根据同一电缆通道内电线电缆的非金属含量来确定，并应不低于表 8.2.1-1、表 8.2.1-2 的规定。

表 8.2.1-1 电缆的阻燃类别选择

适用场所	阻燃类别
特级	A类
一级	B类
二级、三级	C类

表 8.2.1-2 电线的阻燃类别选择

适用场所	电线截面	阻燃类别
特级、一级	所有截面	C类
二级、三级	50 mm^2 及以上	C类
	35 mm^2 及以下	D类

8.2.2 下列建筑中的电缆，还应满足燃烧性能 B_1 级、燃烧滴落物/微粒 d_0 级、产烟毒性 t_0 级、腐蚀性等级 a_1 级的垂直燃烧试验，并宜满足水平燃烧试验要求：

1 建筑高度大于 250 m 的建筑。

2 建筑面积大于 250 000 m^2 的高层公共建筑。

3 地下或半地下建筑面积大于 40 000 m^2 的人员密集的

场所。

4 学校、医院、幼儿园、托儿所、老年人照料设施。

8.2.3 成束敷设的阻燃电线电缆，当满足本标准第8.4.7条～第8.4.10条所规定的防火封堵措施要求时，同一通道内电线电缆的非金属含量不应超过本标准表8.2.3-1、表8.2.3-2的规定，电线电缆的非金属材料含量的计算方式可按照本标准附录F的规定执行。通过水平燃烧试验的电线电缆，在成束敷设时，其阻燃类别可不考虑非金属含量的限值。

表8.2.3-1 同一通道内电缆非金属含量限值

阻燃类别	电缆的非金属含量
A类	≥7 L/m，且<14 L/m
B类	≥3.5 L/m，且<7 L/m
C类	≥1.5 L/m，且<3.5 L/m

表8.2.3-2 同一通道内电线非金属含量限值

阻燃类别	电线的非金属含量
C类	≥1.5 L/m，且<3.5 L/m
D类	<1.5 L/m

8.3 消防设备配电线路的选用

8.3.1 为消防设备提供电源的变配电所的6 kV～35 kV中压电力电缆，当在室内敷设时，应采用耐火温度不低于750℃、持续供电时间不少于90 min的阻燃耐火电缆。

8.3.2 消防设备的电源及控制线路应满足在火灾发生期间最少持续供电时间的要求，并应符合下列规定：

1 高度大于250 m的超高层建筑，消防电梯和辅助疏散电梯的供电电缆应采用耐火温度950℃、持续供电时间不小于

180 min 的消防用电缆，且电缆的燃烧性能等级应满足 A 级燃烧性能试验要求。

2 电流值在 630 A 以上的消防电源主干线宜采用耐火母线槽，其内部导体、连接器、插接口的极限温升不应超过 105 K，外壳不应超过 55 K，母线槽外壳防护等级不应低于 IP65。

3 电流值在 630 A 及以下的消防电源主干线，消火栓泵、喷淋泵、消防转输水泵、水幕泵、消防控制室、防烟和排烟设备及消防电梯的配电干线，应采用耐火温度 950℃、持续供电时间不小于 180 min 的消防用电缆。

4 防火卷帘、消防应急照明的配电线路，消防设备的手动控制线路，火灾自动报警系统的联动控制线路，及上述第 3 款中各类消防设备机房内的分支线路可采用耐火温度不低于 750℃、持续供电时间不少于 90 min 耐火电线电缆。

8.3.3 为消防设备供电的电缆主干线不宜有中间接头。电流值在 400 A 及以下的消防设备的供电线路，当采用树干式供电时，应采用耐火(预)分支电缆。

8.4 电线电缆的敷设

8.4.1 敷设电线电缆时，应对电缆桥架和电缆井道采取有效的防火封堵和分隔措施。

8.4.2 电线电缆敷设在有防火封堵或分隔措施的通道内时，应考虑防火封堵或分隔措施对电缆载流量的影响。

8.4.3 普通设备与消防设备的供电线路不宜敷设在同一电缆桥架内。电线在桥架内敷设时应采用阻燃缠绕带分开每一供电回路。

8.4.4 电缆敷设在变电所内或垂直井道内时，宜采用电缆梯架敷设。

8.4.5 普通设备的供电线路敷设应符合下列规定：

1 明敷时，应穿金属导管或金属槽盒保护。

2　暗敷时，宜穿金属导管或阻燃型刚性塑料管保护。

8.4.6　消防设备的供电线路敷设应符合下列规定：

1　明敷时，可采用穿金属导管、封闭式金属槽盒或电缆桥架敷设。

2　暗敷时，应穿金属导管保护，并应敷设在不燃性结构内且保护层厚度不小于30 mm。

3　为同一消防设备供电的电源主备干线回路应分开敷设在不同的电缆桥架内；对于高度大于250 m的建筑，其垂直部分应敷设在不同的电气竖井内。

8.4.7　布线穿越下列部位孔洞时应采取防火封堵措施：

1　电缆穿越不同的防火分区处。

2　电缆沿竖井垂直敷设穿越楼板处。

3　电缆隧道、电缆沟、电缆间的隔墙处；沟道中每相隔200 m或通风区段处。

4　电缆穿越耐火极限不小于1.0 h的隔墙处。

5　电缆穿越建筑物的外墙处。

6　电缆敷设至建筑物入口处，或至配电间、控制室的沟道入口处。

7　电缆引至电气柜（盘）或控制屏（台）的开孔部位处。

8.4.8　根据不同的情况，防火封堵可采用防火胶泥、耐火隔板、填料阻火包、防火帽、矿棉板等材料，并应符合下列规定：

1　防火封堵材料的耐火极限不应低于电缆所穿过的隔墙、楼板等防火分隔体的耐火极限。

2　防火封堵处应采用角钢或槽钢托架进行加固，并应能承载检修人员的荷载；角钢或槽钢托架应采用防火涂料处理。

8.4.9　电缆隧道的封堵应符合现行国家标准《电力工程电缆设计标准》GB 50217的相关规定。

8.4.10　防火封堵材料不应对线缆有腐蚀和损害，并应符合现行国家标准《防火封堵材料》GB 23864的相关规定。

附录A 管路吸气式感烟探测火灾自动报警系统

A.0.1 管路吸气式感烟探测火灾自动报警系统的保护对象应根据其使用性质、重要程度、火灾危害性、疏散和扑救难度等分为A类、B类和C类，见表A.0.1。

表A.0.1 管路吸气式感烟探测火灾自动报警系统保护对象分级

等级	保护对象
A类	电信机房、数据中心、信息中心等
B类	重要的计算机房、微波站、博物馆、图书馆、资料、档案馆，以及环境复杂、人员疏散困难的超大空间等
C类	腐蚀性和有毒危险物品库房、医院的手术室和扫描室及核磁共振室、地铁大厅、体育馆、会展中心、高架物品库等

A.0.2 管路吸气式感烟探测火灾自动报警系统的灵敏度划分和适应场所应符合表A.0.2的规定。

表A.0.2 探测系统灵敏度及其使用场所

系统灵敏度	系统灵敏度指标	适用场所	必备条件
高	探测报警器灵敏度×实际孔数<0.5%obs/m	1. 换气次数≥20次的场所； 2. 采用回风探测系统的场所； 3. A类、B类和C类保护对象	1. 使用采用激光技术的探测报警器； 2. 采用绝对烟雾浓度探测技术； 3. 每台探测报警器允许的采样孔数量不宜超过100个
非高	0.5%obs/m≤探测报警器灵敏度×实际孔数<2%obs/m	B类和C类保护对象	每台探测报警器允许的采样孔数量不宜超过40个

A.0.3 报警区域和探测区域划分应符合下列规定：

1 每台探测报警器的保护区域不应跨越防火分区，一个独立的报警区域不宜超过 2 000 m^2，一个独立的探测区域不宜超过 500 m^2。

2 每个探测区域的采样孔数量不应少于 2 个。

3 同一探测报警器所保护的不同探测区域的环境条件宜一致。

A.0.4 采样管道的设计应考虑空气流动路径，布置在烟雾最可能经过的路线上，烟雾传送时间应通过计算确定，并应符合下列要求：

1 非特级场所，烟雾传送时间不应大于 120 s。

2 特级场所，烟雾传送时间不应大于 90 s。

A.0.5 除采样管道末端孔外，所有通过采样孔的空气流量百分比的合计值应大于 70%。

A.0.6 最后一个采样孔的空气流量与该管道上采样孔的平均气流量之比应大于 70%。

A.0.7 建筑物设有室外新风系统，当室外空气可能存在烟雾时，应在室外新风进风处安装一台独立的探测报警器，提供参考探测。

A.0.8 探测报警器安装于墙上时，其底边距地(楼)面高度不宜小于 1.5 m。

A.0.9 保护区域内有腐蚀性/毒性气体时，应将采样气体通过排气管引回到探测区域。

A.0.10 常规采样探测系统设计应符合下列要求：

1 每个采样孔的最大保护面积应随着空气换气次数的增加相应减少，具体数值应符合表 A.0.10 的要求。

表 A.0.10 换气次数与采样点保护面积的对照表

换气次数(次/小时)	一个采样孔的最大保护面积(m^2)	采样孔最大水平间距(m)
$60<n\leqslant80$	9	3.0
$30<n\leqslant60$	12	3.5

续表A. 0. 10

换气次数(次/小时)	一个采样孔的最大保护面积(m^2)	采样孔最大水平间距(m)
20<n≤30	23	4.8
15<n≤20	35	5.9
12<n≤15	46	6.8
10<n≤12	58	7.6
8.6<n≤10	70	8.4
n≤8.6	81	9.0

2 采样管的间距不宜小于采样孔的间距。

3 直接设置在保护机柜内的采样点,宜使用毛细管采样点。

A. 0. 11 当建筑设有 24 h 连续运行的通风循环系统时,应设置回风采样探测系统,并应符合下列要求:

1 采样孔应布置在通风系统的回风格栅处,或在从探测区域回来的气流集中处。

2 采样管应安装在风机过滤网的前端。

3 每个采样孔的最大保护回风口面积不应大于 0.36 m^2。

4 单台探测报警器最大保护回风口面积不应大于 45 m^2。

5 安装于洁净空间内时,探测报警器必须能够监视到 10 μm 的烟雾颗粒。

A. 0. 12 当建筑设有非连续运行的通风循环系统时,除设置回风采样探测系统外,还应设计常规探测系统。

A. 0. 13 采样管的设置应符合下列规定:

1 采样管最远距墙的距离不应大于采样管间距的一半。

2 采样管布置在地板下方且气流方向是由上而下时,应根据地板的高度、气流的方向和地板孔的位置调整采样管。

3 当仓库内有货架时,应在货架的内部每隔 12 m 必须增加一层采样管网。

A.0.14 对于吊顶下安装的采样管，当吊顶至地板高度小于 4 m 时，宜贴着吊顶安装采样管。吊顶至地板高度在 4 m 至 20 m 之间时，采样孔与顶的距离不应大于 600 mm。若该建筑有明显的热屏障现象时，亦可依屋顶结构适当调整该距离，或进行不同高度的采样。

附录B 图像型火灾自动报警系统

B.0.1 高度大于12 m的下列场所可采用图像型火灾自动报警系统：

1 候车(船)厅、航站楼、展览厅。

2 体育馆、影剧院、会堂等的观众厅、会议厅、共享舞台等公众聚集场所。

3 中庭、大堂、等候厅等高大的厅堂场所。

4 历史性建筑内高度高于12 m的部位。

B.0.2 双波段探测器选择和设置应符合下列要求：

1 应根据实际探测距离选择双波段探测器。

2 根据双波段探测器的保护角度，确定双波段探测器的布置方法和安装高度。

3 探测距离较远的双波段探测器的正下方如存在探测盲区，应利用其他探测器消除探测盲区。

4 双波段探测器安装位置至顶棚的垂直距离不应小于0.5 m。

5 双波段探测器距侧墙水平距离不应小于0.3 m。

B.0.3 双波段探测器宜采用壁装。

B.0.4 双波段探测器的安装位置应避开强红外光区域。

B.0.5 可视图像火灾自动报警系统的可视烟雾图像探测器(摄像机)选型应符合下列规定：

1 解析度不应低于480线。

2 应具有自动白平衡、自动增益控制、自动背光补偿、自动电子快门。

3 应具有强光抑制功能。

4 探测器最低照度应根据现场情况选取，并且不应大于0.1 lx。

5 应选用自动光圈镜头，焦距应根据工作距离和保护范围选取。

6 电源不宜高于 DC24 V。

B.0.6 可视图像火灾自动报警系统的可视烟雾图像探测器（摄像机）设置应符合下列规定：

1 每台探测器的最大监控范围约为 40 m×30 m。

2 探测器距地面高度应在现场所有设备、人员、运动物体及其他障碍物的高度之上，且方便安装调整。近距离处不应有物体遮挡，同时保证能够监视最容易发生火灾或存在特殊危险场所。

3 探测器的安装位置应保证整个保护区域都在监视范围内，无监控盲区，宜成对安装。

4 探测器不应直接对准过亮（如灯光、明亮的窗口等）物体，同时也不能将探测器对准黑暗的角落。

5 现场的环境照度应高于探测器的最低工作照度，当低于最低照度时应设置补光设备。

B.0.7 图像型火灾自动报警系统的设备、部件、材料的选择应符合下列规定：

1 系统的视频设备的制式应与通用的电视制式一致。

2 系统的各种配套设备的性能与技术要求应协调一致。

3 系统视频设备和部件的视频输入和输出阻抗以及电缆的特性阻抗均应为 75 Ω。

B.0.8 双波段、可视烟雾图像探测器（摄像机）输出的视频基带信号宜采用下列方式传输：

1 传输距离小于 900 m 时，宜采用同轴电缆传输视频基带信号的视频传输方式，同轴电缆的性能应满足相应传输距离的要求。

2 传输距离大于等于 900 m 时，宜采用同轴电缆传输射频调制信号的射频传输方式或光缆传输方式。

3 当有强电磁场干扰时，宜采用传输光调制信号的光缆传输方式。当有防雷要求时，应采用无金属光缆。

B.0.9 可视图像火灾自动报警系统可兼作该报警区域的安保系统。

附录C　线型光纤火灾自动报警系统

C.0.1　光纤光栅感温火灾自动报警系统不应设置在下列场所：

1　靠近正常火源、热源的场所。

2　具有振动、冲击的场所。

C.0.2　分布式感温光纤火灾自动报警系统的报警区域、探测区域的划分和报警阈值的设置应符合下列规定：

1　系统的报警区域长度不宜超过4 000 m。

2　感温光纤的探测区域长度不应大于8 m。

3　应按不同探测地址的工作温度及保护对象的重要程度设置预警温度值、报警温度值。

C.0.3　分布式感温光纤火灾自动报警系统的感温光纤设计应符合下列规定：

1　感温光纤的保护半径不应大于6 m。

2　感温光纤的安装间距不应大于12 m。

3　报警定位偏差不应大于2 m。

4　感温光纤距离侧壁不应大于6 m，且不应小于100 mm。

5　感温光纤的安装净高不应大于8 m。

C.0.4　光纤光栅火灾自动报警系统的光纤光栅探测器（光栅片）设计应符合下列规定：

1　设置场所的环境温度为−40℃～+95℃。

2　在电缆井道、电缆桥架、电缆夹层内设置时，光纤光栅探测器（光栅片）沿电缆走向布置。报警分区按150 m划分。

3　电缆井道中，每个隔离层至少布置光纤光栅探测器（光栅片）。

C. 0. 5 线型火灾自动报警系统的感温光纤或光纤光栅光缆安装应符合下列要求：

1 在公路、铁路、地铁隧道内设置时，应采用安装在隧道顶部的专用吊夹，每隔 1 m 设置 1 个专用吊夹。

2 在供热管道上设置时，应设置在保护层与保温层之间的填充层中。

C. 0. 6 分布式感温光纤火灾自动报警系统的感温光纤输出信号的传输可采用下列线路形式：

1 当采用总线方式与火灾报警控制器连接时，短距离传输线路应采用具有抗干扰的通信电缆，长距离传输线路或需避免强电磁场干扰时应采用光缆。

2 当采用输入模块方式与火灾报警控制器连接时，传输线路应采用阻燃型电线电缆。

附录 D　对射型火灾自动报警系统

D.0.1　下列场所可采用对射型火灾自动报警系统：

1　购物中心、体育馆、机场、会展中心、影剧院、隧道、地铁站等大型开放空间。

2　火车站等对环境光源具有免疫力、可进行无误报探测的场所。

3　酒店与办公场所的大堂、历史性建筑、宗教建筑等需隐蔽探测的场所。

4　仓库和生产制造场、储料场、储油罐等。

D.0.2　光截面探测器的选择和设置应符合下列要求：

1　应根据探测区域的大小选择光截面探测器。

2　每只探测器可对应多只发射器，但最多不应超过 8 只。

3　光截面探测器安装位置至顶棚的垂直距离不应小于 0.5 m。

4　当探测区域高度大于 12 m 时，光截面探测器宜分层布置，且每两层之间高度不应大于 12 m。

5　光截面探测器距侧墙水平距离不应小于 0.3 m，且不大于 5 m。

6　相邻两只光截面发射器的水平距离不应大于 10 m。

7　光截面探测器宜采用壁装。

8　光截面探测器的安装位置应避开强红外光区域。

D.0.3　双鉴式成像光束感烟探测器的选择应符合下列要求：

1　应具有有效区别烟雾与其他可能干扰源或系统以外的光源的功能。

2　外壳应采用坚固的 ABS 塑料材料，符合相关防火和毒性要求。

3 宜选用无需布线的发射器。

4 标准型发射器内置蓄电池正常工作寿命不应少于4年。

5 接收组件(成像器)和标准型发射器(接外部电源)应由标称值DC24 V～DC30 V的外部电源供电。

6 探测器的电子元件IP等级不应低于IP44,光学元件遮蔽IP等级不应低于IP66。

7 接收组件(成像器)和发射组件(发射器)的光学元件的调节角度水平方向不小于±60°,垂直方向不小于±15°。

8 可承受角度变幅不少于±1.5°。

D.0.4 双鉴式成像光束感烟探测器的设置应符合下列要求:

1 每只接收组件(成像器)可对应多只发射器,但最多不应超过7只。

2 发射器的安装位置至顶棚的垂直距离宜为0.3 m～1.0 m。

3 发射器的安装高度不超过20 m时,其水平安装间距不应大于14 m;发射器的安装高度超过20 m时,其水平安装间距不应大于20 m。

4 安装于低温环境下时,应具有内部加热器以防止探测器内部发生冷凝。

5 成像器和发射器部件的安装位置应避开被阳光直射。

6 与同一成像器组合使用的多个发射器之间的间距不应小于1 m,发射器与其他光源之间的间距不应小于1 m。

7 探测距离在选用标准型发射器情况下满足不了现场环境时,采用大功率发射器可以把标准的探测距离增加1倍,但最长不应大于100 m。

附录 E　电线电缆型号标识

E.0.1　阻燃、耐火电线电缆的型号标识应包括燃烧性能等级、燃烧特性、线缆型号、额定电压及规格，并按下列规定表示：

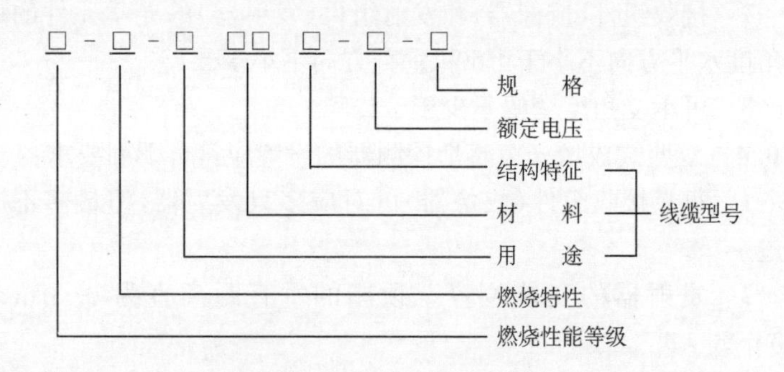

E.0.2　电线电缆的燃烧性能等级代号见表 E.0.2。

表 E.0.2　燃烧性能等级代号

燃烧性能等级	代号
不燃	A
阻燃 1 级	B_1
阻燃 2 级	B_2

E.0.3　电线电缆的燃烧特性代号见表 E.0.3。

表 E.0.3　燃烧特性代号

代号	名称	代号	名称
Z[a]	单根阻燃	ZD	阻燃 D 类
ZA[b]	阻燃 A 类	省略	有卤
ZB	阻燃 B 类	W	无卤
ZC	阻燃 C 类	D	低烟

续表E.0.3

代号	名称	代号	名称
U	低毒	NS	供火加机械冲击和喷水的耐火
N	单纯供火的耐火	NH	消防用耐火
NJ	供火加机械冲击的耐火		

注:1 [a] 含卤产品,Z省略。
2 [b]仅适用于现行国家标准《电缆和光缆在火焰条件下的燃烧试验 第33部分:垂直安装的成束电线电缆火焰垂直蔓延试验 A类》GB/T 18380.33的A类,不包括现行国家标准《电缆和光缆在火焰条件下的燃烧试验 第32部分:垂直安装的成束电线电缆火焰垂直蔓延试验 A FR类》GB/T 18380.32的A F/R类。

E.0.4 阻燃和耐火系列的电线电缆有多种燃烧特性要求时,其代号按无卤(有卤省略)、低烟、低毒、阻燃或耐火的顺序排列组合见表E.0.4。

表E.0.4 燃烧特性代号组合

系列名称		代号	名称
阻燃	有卤	ZA	阻燃A类
		ZB	阻燃B类
		ZC	阻燃C类
		ZD	阻燃D类
	无卤低烟	WDZ	无卤低烟单根阻燃
		WDZA	无卤低烟阻燃A类
		WDZB	无卤低烟阻燃B类
		WDZC	无卤低烟阻燃C类
		WDZD	无卤低烟阻燃D类
	无卤低烟低毒	WDUZ	无卤低烟低毒单根阻燃
		WDUZA	无卤低烟低毒阻燃A类
		WDUZB	无卤低烟低毒阻燃B类
		WDUZC	无卤低烟低毒阻燃C类
		WDUZD	无卤低烟低毒阻燃D类

续表E.0.4

系列名称		代号	名称
耐火	有卤	N、NJ	耐火
		ZAN、ZANJ	阻燃A类耐火
		ZBN、ZBNJ	阻燃B类耐火
		ZCN、ZCNJ	阻燃C类耐火
		ZDN、ZDNJ	阻燃D类耐火
	无卤低烟	WDZN、WDZNJ	无卤低烟单根阻燃耐火
		WDZAN、WDZANJ	无卤低烟阻燃A类耐火
		WDZBN、WDZBNJ	无卤低烟阻燃B类耐火
		WDZCN、WDZCNJ	无卤低烟阻燃C类耐火
		WDZDN、WDZDNJ	无卤低烟阻燃D类耐火
	无卤低烟低毒	WDUZN、WDUZNJ	无卤低烟低毒单根阻燃耐火
		WDUZAN、WDUZANJ	无卤低烟低毒阻燃A类耐火
		WDUZBN、WDUZBNJ	无卤低烟低毒阻燃B类耐火
		WDUZCN、WDUZCNJ	无卤低烟低毒阻燃C类耐火
		WDUZDN、WDUZDNJ	无卤低烟低毒阻燃D类耐火
	消防用	NH1	消防用耐火一类
		NH2	消防用耐火二类
		NH3	消防用耐火三类
		NH4	消防用耐火四类
		NH5	消防用耐火五类
		NH6	消防用耐火六类

E.0.5 电线电缆型号一般由用途代号、材料代号以及结构特征代号等组成。其常用代号意义见表E.0.5-1～表E.0.5-3。

表E.0.5-1 用途代号

用途	代号
电力	省略

续表E.0.5-1

用途	代号
控制	K
布线	B
软线	R

表 E.0.5-2 材料代号

材料	名称	代号
导体材料	铜	省略
	铝	L
绝缘材料	聚氯乙烯	V
	聚乙烯	Y
绝缘材料	交联聚乙烯	YJ
	橡皮	X
	硅橡胶	C
护套材料	聚氯乙烯	V
	聚烯烃	Y
	铜	T

表 E.0.5-3 结构特征代号

结构特征	代号
重载	Z
轻载	Q
屏蔽	P

E.0.6 不同电压等级用电缆的额定电压见表 E.0.6。

表 E.0.6 电缆额定电压要求(kV)

系统标称电压 U_n	0.22/0.38	3	6	10	35
额定电压 U_0/U	0.6/1.0	3/3	6/6	8.7/10	26/35

E.0.7 电缆型号标识示例：

1 阻燃电缆示例

示例1：铜芯，交联聚乙烯绝缘聚氯乙烯护套电力电缆，阻燃A类，额定电压0.6/1 kV，表示为ZA-YJV-0.6/1。

示例2：铜芯，交联聚乙烯绝缘聚烯烃护套电力电缆，无卤低烟，阻燃A类，额定电压0.6/1 kV，表示为WDZA-YJY-0.6/1；

若有B_1级燃烧性能要求，表示为B_1-WDZA-YJY-0.6/1。

示例3：铜芯，交联聚乙烯绝缘聚烯烃护套电力电缆，无卤低烟低毒，阻燃B类，额定电压0.6/1 kV，表示为WDUZB-YJY-0.6/1；

若有B_1级燃烧性能要求，表示为B_1-WDUZB-YJY-0.6/1。

2 耐火电缆示例

示例1：铜芯，交联聚乙烯绝缘聚烯烃护套电力电缆，无卤低烟，阻燃A类，单纯供火的耐火，额定电压0.6/1 kV，表示为WDZAN-YJY-0.6/1；

若有B_1级燃烧性能要求，表示为B_1-WDZAN-YJY-0.6/1。

示例2：铜芯，不燃类电缆，消防用耐火一类，燃烧性能等级A级，表示为A-NH1-BTTZ-0.75；

示例3：铜芯，耐火电缆，消防用耐火二类，燃烧性能等级B_1级，表示为B_1-NH2-BTLY-0.6/1。

附录 F 常用阻燃电线电缆非金属材料容量计算及参考表

F.0.1 阻燃电缆在设计时宜按照现行国家标准《电缆和光缆在火焰条件下的燃烧试验》GB/T 18380 的计算方法确定同一环境中所敷设的每米成束电缆所含非金属材料的总体积以求得阻燃类别。

F.0.2 单根电线电缆每米所含非金属材料的容量可近似按下式计算：

$$V=(S_1-S_2)/1\,000 \tag{F.0.2}$$

式中：V——电线电缆所含非金属材料容量之和(L/m)；

S_1——电线电缆总截面积(mm^2)；

S_2——电线电缆金属截面积之和(mm^2)。

F.0.3 不同阻燃类别相应的电线电缆根数可近似按下式计算：

$$N=V_S/V \tag{F.0.3}$$

式中：N——不同阻燃类别相应的电线电缆根数(根)；

V_S——不同阻燃类别规定每米电线电缆所含非金属材料容量(L/m)；

V——每米电线电缆所含非金属材料容量之和(L/m)。

F.0.4 常用阻燃电线电缆每米非金属材料容量及不同阻燃类别相应的电线电缆根数参见表 F.0.4-1～表 F.0.4-4。

表 F.0.4-1 0.6/1 kV 不等截面 YJY 电力电缆非金属容量及不同阻燃类别的根数估算(参考上海电缆厂产品)

非铠装不等截面 YJY 电力电缆														
3+1c					3+2c					4+1c				
截面 (mm^2)	直径 (mm)	非金属含量 (L/m)	B类 (根)	A类 (根)	截面 (mm^2)	直径 (mm)	非金属含量 (L/m)	B类 (根)	A类 (根)	截面 (mm^2)	直径 (mm)	非金属含量 (L/m)	B类 (根)	A类 (根)
4	13.4	0.127 0	28	56	4	14.3	0.144 5	25	49	4	14.5	0.147 0	24	48
6	14.7	0.146 3	24	48	6	15.6	0.167 0	21	42	6	15.9	0.171 5	21	41
10	17.3	0.199 9	18	35	10	18.4	0.225 8	16	31	10	18.9	0.235 4	15	30
16	20	0.258 0	17	28	16	21.4	0.295 5	12	24	16	21.9	0.304 5	12	23
25	23.8	0.357 2	10	20	25	25.4	0.406 5	9	18	25	26.2	0.426 4	9	17
35	25.8	0.400 0	9	18	35	27.5	0.453 7	8	16	35	28.8	0.493 6	8	15
50	29.9	0.526 8	7	14	50	32.1	0.608 9	6	12	50	33.4	0.650 7	6	11
70	34.7	0.694 8	5	11	70	37.1	0.800 5	5	9	70	38.8	0.866 8	4	9
95	39.3	0.879 9	4	8	95	42.2	1.018 0	4	7	95	44.1	1.099 2	4	7
120	44.2	1.113 6	4	7	120	47.7	1.306 1	3	6	120	49.5	1.383 4	3	6
150	48	1.283 6	3	6	150	51.4	1.473 9	3	5	150	54.1	1.622 5	3	5

续表F. 0. 4-1

非铠装不等截面 YJY 电力电缆														
3+1c					3+2c					4+1c				
截面(mm^2)	直径(mm)	非金属含量(L/m)	B类(根)	A类(根)	截面(mm^2)	直径(mm)	非金属含量(L/m)	B类(根)	A类(根)	截面(mm^2)	直径(mm)	非金属含量(L/m)	B类(根)	A类(根)
185	53.8	1.624 6	3	5	185	57.7	1.873 5	2	4	185	60.5	2.040 8	2	4
240	60.5	2.033 3	2	4	240	64.9	2.346 4	2	3	240	68.2	2.571 2	2	3
300	66.9	2.463 4	2	3	300	74	3.098 7	2	3	300	75.1	3.077 4	2	3
50	26.4	0.372 1	10	19	50	28.2	0.424 3	9	17	50	29.6	0.462 8	78	16
70	30.6	0.490 0	8	15	70	32.8	0.564 5	7	13	70	34.7	0.624 8	6	12
95	34.3	0.591 0	6	12	95	37	0.694 7	5	11	95	38.8	0.754 3	5	10
120	38	0.713 5	5	10	120	41.4	0.865 5	4	9	120	42.7	0.891 3	4	8
150	41.4	0.820 5	5	9	150	44.5	0.954 5	4	8	150	46.7	1.037 0	4	7
185	45.5	0.977 6	4	8	185	49.1	1.152 5	3	7	185	51.6	1.257 6	3	6
240	50.9	1.193 8	3	6	240	54.7	1.388 8	3	5	240	57.8	1.542 6	3	5

表 F.0.4-2　0.6/1 kV 等截面 YJY 电力电缆非金属容量及不同阻燃类别的根数估算

非铠装等截面 YJY 电力电缆														
1c					4c					5c				
截面(mm^2)	直径(mm)	非金属含量(L/m)	B类(根)	A类(根)	截面(mm^2)	直径(mm)	非金属含量(L/m)	B类(根)	A类(根)	截面(mm^2)	直径(mm)	非金属含量(L/m)	B类(根)	A类(根)
35	12.5	0.087 7	40	80	4	13.7	0.131 3	27	54	4	14.8	0.151 9	23	47
50	14.1	0.106 1	33	66	6	14.9	0.150 3	24	47	6	16.1	0.173 5	21	41
70	16.2	0.136 0	26	52	10	18	0.214 3	17	33	10	19.6	0.251 6	14	29
95	18.3	0.167 9	21	42	16	20.6	0.269 1	13	26	16	22.4	0.313 9	12	23
120	20.2	0.200 3	18	35	25	24.8	0.382 8	10	19	25	27.2	0.455 8	8	16
150	22.3	0.240 4	15	30	35	27.6	0.458 0	8	16	35	30.5	0.555 2	7	13
185	24.8	0.297 8	12	24	50	31.6	0.583 9	6	12	50	35	0.711 6	5	10
240	27.9	0.371 1	10	19	70	36.8	0.783 1	5	9	70	40.8	0.956 7	4	8
300	30.7	0.439 9	8	16	95	41.8	0.991 6	4	8	95	46.4	1.215 1	3	6
400	34.3	0.523 5	7	14	120	46.5	1.217 4	3	6	120	51.7	1.498 2	3	5
500	38.6	0.669 6	6	11	150	51.6	1.490 1	3	5	150	57.4	1.836 4	2	4
					185	57.6	1.864 4	2	4	185	64.1	2.300 4	2	3
					240	64.9	2.346 4	2	3	240	72.3	2.903 4	2	3

续表 F. 0. 4-2

非铠装等截面 YJY 电力电缆														
1c					4c					5c				
截面(mm^2)	直径(mm)	非金属含量(L/m)	B类(根)	A类(根)	截面(mm^2)	直径(mm)	非金属含量(L/m)	B类(根)	A类(根)	截面(mm^2)	直径(mm)	非金属含量(L/m)	B类(根)	A类(根)
					300	71. 8	2. 846 9	2	3	300	80	3. 524 0	1	2
50	24. 8	0. 332 8	11	21	50	28	0. 415 4	9	17	50	31. 3	0. 519 1	7	14
70	28. 8	0. 441 1	8	16	70	32. 9	0. 569 7	7	13	70	36. 7	0. 707 3	5	10
95	32	0. 518 8	7	14	95	36. 5	0. 665 8	6	11	95	41. 2	0. 857 5	5	9
120	34	0. 547 5	7	13	120	39. 7	0. 757 2	5	10	120	44. 7	0. 968 5	4	8
150	38. 4	0. 707 5	5	10	150	44. 2	0. 933 6	4	8	150	49. 5	1. 173 4	3	6
185	42. 3	0. 849 6	5	9	185	48. 6	1. 114 1	4	7	185	54. 7	1. 423 8	3	5
240	47. 4	1. 043 7	4	7	240	54. 5	1. 371 6	3	6	240	61. 4	1. 759 4	2	4

表 F. 0. 4-3　450/750 V BYJ 电线非金属容量及不同阻燃类别的根数估算

截面(mm^2)	直径(mm)	非金属含量(L/m)	D类(根)	C类(根)	截面(mm^2)	直径(mm)	非金属含量(L/m)	D类(根)	C类(根)	截面(mm^2)	直径(mm)	非金属含量(L/m)	C类(根)	B类(根)
2. 5	4. 2	0. 011 3	45	133	16	8	0. 034 2	15	44	50	13	0. 082 7	19	43
4	4. 8	0. 014 1	36	107	25	9. 8	0. 050 4	10	30	70	15	0. 106 6	15	33

续表F. 0. 4-3

截面 (mm^2)	直径 (mm)	非金属含量 (L/m)	D类 (根)	C类 (根)	截面 (mm^2)	直径 (mm)	非金属含量 (L/m)	D类 (根)	C类 (根)	截面 (mm^2)	直径 (mm)	非金属含量 (L/m)	C类 (根)	B类 (根)
6	5.4	0.016 9	30	89	35	11	0.060 0	9	25	95	17	0.131 9	12	27
10	6.8	0.026 3	19	57						120	19	0.163 4	10	22
										150	21	0.196 2	8	18

表 F. 0. 4-4　6/6 kV、8. 7/10 kV 电力电缆非金属容量及不同阻燃类别的根数估算

3c					3c					3c				
截面 (mm^2)	直径 (mm)	非金属含量 (L/m)	B类 (根)	A类 (根)	截面 (mm^2)	直径 (mm)	非金属含量 (L/m)	B类 (根)	A类 (根)	截面 (mm^2)	直径 (mm)	非金属含量 (L/m)	B类 (根)	A类 (根)
25	43.34	1.399 5	3	5	95	55.57	2.139 1	2	4					
35	45.7	1.534 5	3	5	120	59.04	2.376 3	2	3					
50	48.28	1.679 8	3	5	150	62.13	2.580 2	2	3					
70	52.15	1.924 9	2	4	185	66.11	2.875 9	2	3					

本标准用词说明

1 为便于在执行本标准条文时区别对待，对要求严格程度不同的用词说明如下：

1) 表示很严格，非这样做不可的用词：

正面词采用“必须”；

反面词采用“严禁”。

2) 表示严格，在正常情况下均应这样做的用词：

正面词采用“应”；

反面词采用“不应”或“不得”。

3) 表示允许稍有选择，在条件许可时首先应这样做的用词：

正面词采用“宜”；

反面词采用“不宜”。

4) 表示有选择，在一定条件下可以这样做的用词，采用“可”。

2 本标准中指明应按其他有关标准、规范执行的写法为“应符合……的规定”或“应按……执行”。

引用标准名录

1 《建筑材料及制品燃烧性能分级》GB 8624
2 《消防安全标志》GB 13495
3 《消防应急照明和疏散指示系统》GB 17945
4 《阻燃和耐火电线电缆或光缆通则》GB/T 19666
5 《防火封堵材料》GB 23864
6 《电缆及光缆燃烧性能分级》GB 31247
7 《建筑防火设计规范》GB 50016
8 《汽车库、修车库、停车场设计防火规范》GB 50067
9 《火灾自动报警系统设计规范》GB 50116
10 《电力工程电缆设计规范》GB 50217
11 《城市消防远程监控系统技术规范》GB 50440
12 《消防应急照明和疏散指示系统技术标准》GB 51309
13 《民用建筑电气设计标准》GB 51348
14 《建筑电气与智能化通用规范》GB 55024
15 《消防设施通用规范》GB 55036
16 《建筑防火通用规范》GB 55037
17 《体育建筑设计规范》JGJ 31
18 《剧场建筑设计规范》JGJ 57
19 《电影院建筑设计规范》JGJ 58
20 《电动汽车充电基础设施建设技术标准》DG/TJ 08—2093
21 《公共建筑绿色设计标准》DGJ 08—2143
22 《消防设施物联网系统技术标准》DG/TJ 08—2251

标准上一版编制单位及人员信息

DGJ 08—2048—2016

主 编 单 位:华东建筑设计研究总院
上海市消防局

参 编 单 位:上海建筑设计研究院有限公司
上海市高桥电缆厂有限公司
施耐德电气(中国)投资有限公司
上海诚佳电子科技有限公司
珠海西默电气股份有限公司
上海华宿电气股份有限公司

主要起草人:沈育祥 曾 杰 王 晔 胡 波 金大算
宋 飞 赵华亮 王 斌 沈冬冬 陈众励
黄晓波 殷小明 吕燕生 叶本开 高春朋
陈立民 傅 翔 余龙山 余维科 康树峰

上海市工程建设规范

民用建筑电气防火设计标准

DG/TJ 08—2048—2024
J 11323—2024

条 文 说 明

2024 上海

目　次

1　总　则 …………………………………………………… 65
3　基本规定 ………………………………………………… 66
3.1　建筑的电气防火分级 ………………………………… 66
3.2　火灾自动报警系统 …………………………………… 66
3.3　消防设施物联网系统 ………………………………… 67
3.4　消防管理室、主(分)消防控制室及消防(防灾)指挥中心 ……………………………………………………… 68
4　消防电源 ………………………………………………… 72
4.1　供电电源 …………………………………………… 72
4.2　自备发电机组 ………………………………………… 75
4.3　EPS 应急电源装置 …………………………………… 76
4.4　供配电系统 …………………………………………… 76
5　配电设备装置 …………………………………………… 78
5.1　一般规定 …………………………………………… 78
5.2　普通配电(控制)箱 ………………………………… 78
5.3　消防配电(控制)箱 ………………………………… 79
5.4　其他各类电气设备及保护装置 ……………………… 80
6　电气综合管理平台 ……………………………………… 83
6.1　一般规定 …………………………………………… 83
6.2　感知层 ……………………………………………… 86
6.3　传输层 ……………………………………………… 88
6.4　管理层 ……………………………………………… 88
7　消防应急照明和疏散指示系统 ………………………… 90
7.1　消防应急照明 ………………………………………… 90

7.2 疏散指示标志 …………………………………………… 90
8 电线电缆的选择与敷设 …………………………………… 92
8.1 一般规定 ………………………………………………… 92
8.2 普通设备配电线路的选用 ……………………………… 98
8.3 消防设备配电线路的选用 …………………………… 100
8.4 电线电缆的敷设 ……………………………………… 102

Contents

1 General provisions ······ 65
3 Basic requirements ······ 66
3. 1 Electrical fire classification of buildings ······ 66
3. 2 Fire alarm system ······ 66
3. 3 Internet of things system of fire protection facilities ······ 67
3. 4 Fire manage room, main (sub) fire control room and fire control (disaster prevention) command center ······ 68
4 Fire power supply ······ 72
4. 1 Power supply ······ 72
4. 2 Self-provided generator set ······ 75
4. 3 EPS emergency power supply device ······ 76
4. 4 Power supply and distribution system ······ 76
5 Power distribution equipment ······ 78
5. 1 General requirement ······ 78
5. 2 Normal power distribution (control) panel ······ 78
5. 3 Power distribution (control) panel for fire protection ······ 79
5. 4 Other types of electrical equipments and protective equipments ······ 80
6 Electrical comprehensive management platform ······ 83
6. 1 General requirement ······ 83
6. 2 Perception layer ······ 86

6.3 Transport layer 88
6.4 Manage layer 88
7 Fire emergency lighting and evacuation indicating sign 90
7.1 Fire emergency lighting 90
7.2 Evacuation indicating sign 90
8 Selection and installation of wires and cables 92
8.1 General requirement 92
8.2 Selection of distribution line for general equipments 98
8.3 Selection of distribution line for fire power equipments 100
8.4 Laying of wires and cables 102

1 总 则

1.0.1 本条规定了制定本标准的目的。

根据应急管理部消防救援局发布的近 10 年来全国火灾情况的数据显示，电气故障仍是引发火灾的首要因素，较大火灾中因电气原因导致的占比近 3 成。电气火灾具有隐蔽性强、燃烧迅速、扑救困难、多在凌晨发生等特点。有效预防电气火灾的发生，对减少火灾发生次数、降低火灾危害、保护人身和财产安全，具有重要意义。

本标准在国家规范的基础上，结合上海的具体实践，对民用建筑内电气防火的相关各个要素（包括消防电源、消防联动设备、火灾报警、配电装置的设置、应急照明、电线电缆等）作出具体规定。同时，根据近年来民用建筑中新技术的发展和应用，增加了相关防火技术要求，形成一部完整的建筑内电气防火设计的技术标准。

1.0.2 本条规定了本标准的适用范围，规定内容与修订前保持一致。

1.0.3 本条规定了民用建筑电气防火的设计应遵守的基本原则和设计应达到的基本要求，规定内容与修订前保持一致。

1.0.4 本条规定了本标准与其他标准的关系。民用建筑的电气防火设计除应遵守本标准外，尚应符合现行国家标准《建筑电气与智能化通用规范》GB 55024、《消防设施通用规范》GB 55036、《建筑防火通用规范》GB 55037、《建筑防火设计规范》GB 50016、《火灾自动报警系统设计规范》GB 50116 等的相关规定。本条规定内容与修订前保持一致。

3 基本规定

3.1 建筑的电气防火分级

3.1.1 建筑物分级是根据其使用性质、火灾危险性、疏散和扑救难度等而确定，主要参考现行国家标准《建筑防火设计规范》GB 50016 的规定，同时，增加了电气防火等级为特级的场所。

表 3.1.1 未列出的建筑的电气防火等级可按同类建筑的类比原则确定。

根据上海民用建筑的实际情况，地铁和汽车库往往与建筑相结合，故将其纳入本标准。

3.2 火灾自动报警系统

3.2.2 火灾自动报警系统能实现火灾早期的探测、报警，并向各类消防设施发出控制信号，对于扑灭初期火灾及通知人员疏散具有非常重要的作用，可以最大限度地减少火灾造成的生命和财产的损失。

现行国家标准《汽车库、修车库、停车场设计防火规范》GB 50667 中规定Ⅰ类汽车库、Ⅱ类地下（半地下）汽车库、Ⅱ类高层汽车库需要设置火灾自动报警系统，对于其他类型汽车库是否设置火灾自动报警系统并未作要求。近年来，随着电动汽车的市场占有率不断上升，电动汽车的基础配套设施也在不断完善，电动汽车的火灾危险性相对于传统的燃油车较大，尤其是在充电状态下，更容易发生火灾。因此，本条规定，对于设置充电车位的地下公共停车库，不论大小，均应设置火灾自动报警系统。

电动汽车在快速充电过程中发生火灾的危险性较大。为了及时了解到地下室快充车位的状况，要求此范围内增设视频监控点位，保证每个快充车位均在摄像机的覆盖范围内。

3.2.3 福利院、幼儿园、托儿所、寄宿制学校、疗养院的病房楼、医院病房楼和手术部等场所内考虑主要以弱行动能力人员为主，其逃生能力和自救能力相对于健康成年人差很多，尤其是在夜间的熟睡状况下，行动和反应更加迟缓。因此，本条强调，该类建筑中，若未设置火灾自动报警系统，应考虑设置独立的火灾探测报警器，能在火灾发生时第一时间发出报警声响，提醒人员逃生。

对于未设火灾自动报警系统的建筑或场所，若区域内有需要消防联动的设施，如电动排烟窗、电动挡烟垂壁、防火卷帘等，可采用自带火灾探测器报警接口的控制箱直接进行联动控制。

3.3 消防设施物联网系统

3.3.1 本条规定了消防设施物联网系统设计的基本要求，应遵照现行国家标准《城市消防远程监控系统技术规范》GB 50440 及现行上海市工程建设规范《消防设施物联网系统技术标准》DG/TJ 08—2251 的相关规定，开展消防设施物联网系统的设计。

3.3.2 本条规定了消防设施物设施联网系统监测平台的设置要求，建议优先采用电气综合管理平台实现对电气火灾及消防设备电源等电气信息的监测。采用电气综合管理平台进行消防设施物联感知监测，应符合本标准第 6.1.4 条的相关要求。

同时，根据《上海市消防条例》(2020 年第四次修正)第二十四条要求，“本市推动消防设施物联网系统建设，加强城市消防远程监控。相关单位应当按照国家工程建设消防技术标准，配置火灾自动报警系统、固定灭火系统和防排烟系统等消防设施，并按照有关规定设置消防设施物联网系统，将监控信息实时传输至消防大数据应用平台”。

3.4 消防管理室、主(分)消防控制室及消防(防灾)指挥中心

3.4.1 消防管理室内可设置火灾报警控制器(联动型),实现对其服务区域内的火灾自动报警及消防设施的自动联动控制,不需要人工介入。但其所有信息应能在消防控制室内集中显示,且其服务区域内的消防设施应能在消防控制室手动控制。

3.4.3 消防(防灾)指挥中心不仅具有火灾时的扑救指挥功能,对于其他灾害,同样具有防范和救援指挥功能。

3.4.4 基于国内建筑综合体及大于 500 000 m^2 的建筑群越来越多,此类项目业态较多、功能复杂,不同业态通常物业管理也有所区分,设计与开发商就此类建筑消防设计原则经常会出现不一致,特别是对主消防控制室与分消防控制室的设置出现分歧。因此本标准就此类建筑如何设置消防控制室作出相关规定。图 1 是较为典型的高度 250 m 及以下建筑综合体主、分消防控

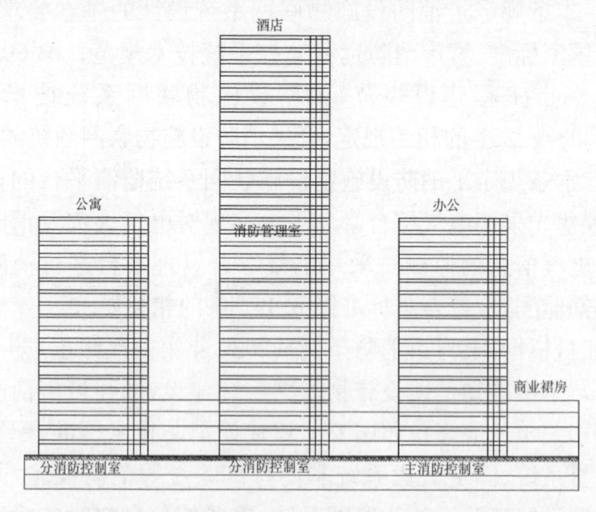

图 1　高度 250 m 及以下建筑综合体主(分)消防控制室、消防管理室设置参考示意图

室、消防管理室设置位置参考示意图。

3.4.5 当主(分)消防控制室设置在首层时,应直通室外或安全出口;当设置在地下一层时,应直通室外,或从室外通过疏散走道、前室、疏散楼梯(间)至控制室疏散门的步行时间不超过 30 s,主要考虑消防人员从室外进入到主(分)消防控制室的便捷性。30 s 应包括从室外安全出口到消防控制室的疏散门所经过所有路线的步行时间。同时,从消防控制室至消防水泵房的步行距离不宜大于 180 m,以保证消防水泵能够在接到火警后 5 min 内实现机械应急启动。

参考美国研究人员疏散方面的著名学者 Fruin 的专著《人行道规划和设计》中不同人员密度和行走速度之间的关系,从室外通过疏散走道、前室、疏散楼梯(间)等进入消防控制室的水平行走速度可按照 1.3 m/s 计算。同时,有相关文献介绍,人员上楼梯的速度为正常速度的 0.4 倍,下楼梯速度为正常速度的 0.6 倍。因此,可按照人员上楼梯速度为 0.5 m/s、下楼梯速度为 0.8 m/s、水平行走速度为 1.3 m/s 进行计算。当然,经过训练的操作人员的行走速度应该快于普通人员,但考虑安全系数,建议仍按普通人员的行走速度计算。

3.4.6 本条明确了主消防控制室、分消防控制室、消防管理室三者之间消防报警信号的传输关系以及对于消防灭火系统(水系统)的手动控制要求。

主消防控制室、分消防控制室、消防管理室的设置及功能要求可参见表 1。

表 1 主消防控制室、分消防控制室、消防管理室设置要求

房间名称 要求	主消防控制室	分消防控制室	消防管理室
服务范围	全部	局部或单栋塔楼	局部
人员值班功能	24 h 专人值班	24 h 专人值班	不作强制规定

续表1

要求 \ 房间名称	主消防控制室	分消防控制室	消防管理室
设置位置	首层或地下一层，其中建筑高度大于250 m的应设置在首层	首层或地下一层，其中服务于建筑高度大于250 m的应设置在首层	地下一层或地上各层
火灾显示功能（消防控制室图形显示装置）	有（能显示所有火灾报警信号和联动控制状态信号）	有	有
火灾报警控制器	有	有	有
消防联动控制功能	有	有	不作强制规定
消防手动控制功能	有（应能控制共用的消防设备）	有	无
备注	有2个及以上的消防控制室时，应确定1个主消防控制室。对于共用的消防设备，如多栋建筑共用的消防水泵设备，应由主消防控制室控制，特殊情况（如线路太长）可由最近的分消防控制室控制	其服务范围内使用的消防设施，可仅由对应的分消防控制室控制。各分消防控制室内的火灾报警主机之间可互相传输、显示状态信息，但不应互相控制	其服务范围内使用的消防设施，其联动控制可由消防管理室的区域火灾报警控制器实现，手动控制应由主（分）消防控制室的集中火灾报警控制器实现

3.4.7 为了便于消防人员迅速了解火场实际情况，因此有必要设置消防（防灾）指挥中心，位置应设置在建筑群入口处消防车能够抵达的部位，其功能应符合现行国家标准《消防通信指挥系统设计规范》GB 50313中关于火场指挥子系统的相关规定。

3.4.8 本条文中所指的独立的火灾报警及灭火子系统包括气体

灭火系统、大空间智能型主动喷水灭火系统等。当子系统动作时，火灾自动报警主机应能接收子系统的消防动作信号。

3.4.9 交流回路的快速分断一般可以通过断路器分励脱扣动作来完成，直流回路的快速分断一般通过组件级快速关断安全控制器动作来完成，同一个建筑内的所有光伏系统可由消防报警系统联动发出信号进行统一关闭。当建筑物未设置消防控制室时，宜在有人值班的场所设置此功能。

4 消防电源

4.1 供电电源

4.1.1 现行国家标准《建筑电气与智能化通用规范》GB 55024 中已规定，高度在 150 m 及以上的一类高层公共建筑，其消防用电设备、安防系统的用电负荷等级为特级。同时，对于面积大于 25 万 m^2 的高层公共建筑以及面积大于 4 万 m^2（地下车库、地下环路、地下隧道等可不计入在内）的地下、半地下商场等人员密集的场所，由于其业态较多、功能复杂，火灾危险性大，因此本条规定，此类建筑的消防用电设备亦应按照特级负荷要求供电。特级负荷的供电要求应符合《建筑电气与智能化通用规范》GB 55024 的相关规定。

当地上有多栋高层建筑，且其裙房或地下室连接（不包括仅通过连通道相连）在一起时，面积统计应包含这些高层建筑的塔楼、裙房以及地下室的面积。

地下商业建筑面积包括营业面积、储存面积及其他配套服务面积等（不包括停车库面积）。

4.1.2 火灾危险性较大、火灾时扑救难度较大、救援难度较大的建筑物，增设自备发电机组作为消防设备的应急电源兼顾了安全与效益原则。第三路市电应独立于正常工作电源，由专用馈电线路的城市电网电源供电。

4.1.3，4.1.4 条文参考国家及行业标准，对具有一定火灾危险性及救援难度的建筑物，根据其类别和规模大小，分别给出供电要求。

4.1.5 不同等级负荷的供电电源要求可参照现行国家标准《建筑电气与智能化通用规范》GB 55024 的相关规定。

4.1.6 需要说明的是,移动发电机组不建议作为消防应急电源。许多具有大型体育赛事的场馆都有采用移动发电车的先例,此类电源由于无法满足消防用电设施的快速供电要求,因此不宜作为消防应急电源,但可作为间歇性重要负荷的备用电源。

关于建筑外的区域分布式能源站提供的独立于市电的专用供电回路可作为应急电源的考虑,目前虽然尚无这样的应用案例,但上海地区已建和在建的分布式能源中心越来越多,尤其在一些大体量的公建项目中设置了能源中心,里面往往设置了燃气内燃机或燃气轮机,且燃气供应和市电供应具有天然的独立性,本条主要是为未来发展预留可能。燃气发电机组在设计时是侧重于考虑长期运行,而非像柴油发电机侧重考虑应急运行。

4.1.7 当柴油发电机作为消防设施的应急电源时,消防设备其中一个回路引自消防专用配电母排,有利于提高消防电源的可靠性,同时火灾时可以方便地切除非消防设备的电源。消防专用配电母排的配电柜应有消防设备标识。图 2 所示为常见的低压配电系统图。

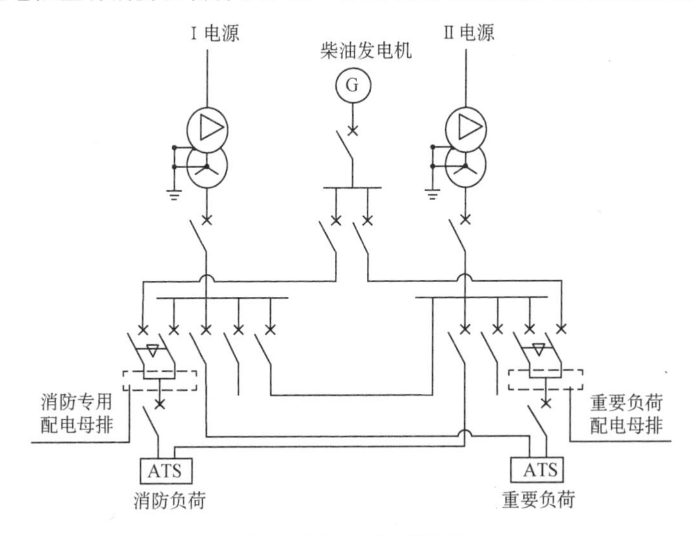

图 2 低压配电系统图

4.1.8 本条规定了不同电气防火等级的建筑中消防用电设备的低压供电回路要求。对于电气防火等级为二级的建筑，当无法取得两路市政电源时，可采用一路专用的架空线路或两根电缆线路的供电电源为两台变压器供电，每台变压器各配出一个低压回路给消防设备供电的方式；当建筑内只设置一台变压器时，应由该变压器与主电源不同变配电系统的两个低压回路在最末一级配电箱自动切换供电。

4.1.9 建筑物消防应急电源包括独立于正常电源的专用馈电电路、应急发电机、蓄电池应急电源装置等。本条主要针对不同消防设施的应急供电电源提出要求。对于消防水泵，当其供电电源无法满足要求时，为提高消防水泵持续工作的可靠性，可考虑采用柴油机消防水泵作为消防水泵备用泵的方式，以满足在火灾发生时的消防水泵工作需要。

4.1.10 在大多数项目中，发电机作为独立的电源，除满足建筑工艺要求的重要负荷供电外，还可以兼作建筑物内的消防设备的应急电源，当然也有些为特殊工艺服务的发电机因工艺要求不允许接入消防设备。火灾发生时，为保证应急供电系统的持续性和可靠性，应切断由柴油发电机供电的非消防用电设备的电源，可通过自动切断和手动切断两种方式实现，并应根据柴油发电机的供电容量、负荷的特性等综合判断，如血库电源，不宜采用自动切断方式。

4.1.11 本条对消防应急电源供电时间和供电容量作出了要求。据相关统计数据，上海市公用电网停电后恢复供电的较长的时间为 1.5 h，城市用户平均停电时间约 0.3 h。消防设备的供电可以通过采用正常电源与消防应急电源组合的供电方式来应对。建筑物内不同消防用电设备在火灾发生时的最少供电时间应符合现行国家标准《民用建筑电气设计标准》GB 51348—2019 第 13.7.16 条的规定。消防应急电源的供电容量，应满足发生火灾时最大消防用电工况下的总负荷需求，即通常应保证火灾发生时建筑物内的消防应急照明、消防电梯、消防水泵、消防控制室以及服务于相邻两个最大防火分区的消防风机等的正常供电。

4.1.12 消防专用低压配电柜的形式参考图3。

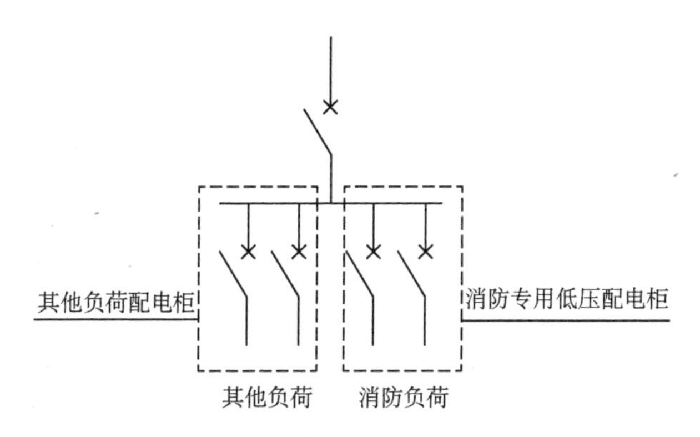

图3 变配电所消防专用低压配电柜示意图

设置消防专用低压配电柜的目的是将消防负荷的配电回路集中在一起，方便操作，同时消防专用低压配电柜上应有明显的标识。

4.2 自备发电机组

4.2.1 柴油发电机容量应满足发生火灾时的最大消防用电工况下的总负荷。由于高压柴油发电机涉及的电气设备较多，供电系统复杂，影响系统可靠运行的因素也较多，因此当采用低压柴油发电机能满足要求时应优先选用低压柴油发电机。同时，由于低压断路器的框架电流及低压母线槽的额定电流最大值一般不超过6 300 A，故低压并机总容量一般不宜超过4 000 kVA。

4.2.2 多台发电机并机运行时的启动至送电时间亦应满足此要求。

4.2.4 柴油发电机房的设置应符合现行国家标准《建筑设计防

火规范》GB 50016的相关规定，并应采取通风、防潮、消声和减震等措施，当有多层地下室时，不宜设置在建筑物地下室的最底层。

4.2.5 当单台柴油发电机连续运行3 h的用油量大于1 m^3，或所有柴油发电机连续运行3 h的用油量大于日用油箱间总储油量时，应考虑在总体上设置储油罐或采取其他方式。

4.3 EPS应急电源装置

4.3.1 EPS装置主要用于应急照明系统，不宜用于动力配电系统。从消防的安全性考虑，其输出电压不大于直流36 V。

4.4 供配电系统

4.4.1 应急电源与正常电源之间可以采用ATS进行切换，防止并列运行。

4.4.3 本条对需要由两个电源切换后供电的消防设备的供电方式作出明确规定：

第1款，强调了消防设备的低压配电级数不应超过三级，末端设备控制箱可不计入配电级数。

第2款，突出了消防控制室、消防水泵、消防电梯在消防用电设备供电重要性，要求采用末端切换方式。

第3款，当地下室或裙房有多个防火分区时，各防火分区内防排烟风机、消防潜水泵、防火卷帘等消防设施的消防电源，可采用A/B电源箱二级分配电的方式提供。

对于同一防火分区内的防排烟风机、消防排水泵等的供电，可由本防火分区配电间内设置的双电源切换箱（配电箱）切换后供电，由双电源切换箱（配电箱）引至末端控制箱应采用放射式供电方式，同一防火分区内防排烟风机和消防排水泵的双电源切换箱（配电箱）宜分开设置。

第 4 款，明确对于小容量且性质相同的消防用电设备，可以就近分组采用链式供电方式。

4.4.4 上海的住宅设计，应按照上海相应的住宅设计标准执行。

第 1 款和第 2 款为根据工程实践，在保障安全的前提下，作出的具体规定。

第 3 款，疏散照明灯具的电源应由主电源和蓄电池电源组成。蓄电池电源的供电方式分为集中电源供电方式和灯具自带蓄电池供电方式。对于疏散照明和疏散指示标志灯，应有蓄电池作为备用电源。

第 4 款，配电回路沿电气竖井垂直敷设为竖井内不同楼层的配电箱供电时，电气竖井在建筑结构上具有有效的防火隔离措施，因此，可以每五层设置一个双电源切换配电箱，由此配电箱放射式给同一电气竖井内各楼层的应急照明配电箱或应急照明集中电源装置供电，但该双电源切换配电箱的供电不宜超过八层。

5 配电设备装置

5.1 一般规定

5.1.1～5.1.3 条文阐述了配电装置在电气系统中安全运行的基本条件。电气火灾的成因是比较复杂的，大致可归纳为短路、过载、接触不良和绝缘老化四大类。短路和过载是引起火灾和事故的根源，其最基本的因素是电流热效应，不可轻视其破坏性作用。未能满足供电系统额定电压和绝缘等级要求的配电装置一旦接入供电系统所造成的材料绝缘老化和绝缘击穿是与电气火灾密切相关的，应积极采取措施加以防范。配电装置本身良好的接地措施并与电气系统的可靠接地是保证消除电气火灾隐患的必要条件。

5.1.4 本条列举了配电（控制）箱与防火安全运行必须的一般技术条件，可作为工程中对配电（控制）箱进行招标工作的技术条文。配电装置内各部件的温升要求主要是参照了现行国家机械行业的相关标准。

5.2 普通配电(控制)箱

5.2.1 发生火灾时，为了扑救方便，有效地切断着火区域的非消防电源，并不影响其他区域的正常供电，对减少断电带来不必要的惊慌，高效安全地疏散人员，具有重要意义。配电箱（柜）按楼层和防火分区设置，以降低扑救难度，减小断电影响。

5.2.2 在建筑物的外墙上安装配电箱，如采用嵌入安装，会降低外墙的防水、防火等级；结构柱、剪力墙上嵌入安装，若未与土建配合预留安装条件，后期施工会影响结构强度；防火分区隔墙上嵌入安装，会降低防火墙的耐火极限。这类位置的配电箱采用嵌入式安装方式，会造成一定的安全隐患，因此建议采用明装。

不论配电箱设置在何种场所，箱前 0.8 m 的操作维护距离必不可少，这是目前各类相关电气专业规范中规定的最小距离。

5.3 消防配电(控制)箱

5.3.2 本条主要强调了不同位置消防设备配电箱的安装要求。由于配电箱自身的防火不能满足其在火灾发生的持续工作时间要求，因此要求利用土建机房对配电箱设备进行防火保护。

对于防火卷帘，在火灾初期动作，起到隔离火源的作用，任务即算完成。与此类似，电动挡烟垂壁、电动排烟窗，均在火灾初期火势还未完全蔓延开，就可以完成任务，故允许其控制箱现场安装，方便控制、调试和检修。对于地下室集水坑排水泵，非火灾情况时，排溢流水或雨水；火灾时排出消防用水，避免消防水流入机房、变电所造成二次灾害，其并未直接参与灭火，不属于灭火设施，其配电箱允许安装于现场。此类控制箱通常由其供电的相关设备厂家提供。

5.3.4 消防用电设备供电回路的过负荷报警信号，可通过回路中设置的热继电器、多功能仪表或其他电器设备的报警信号实现。

5.3.5 变频调速器、软启动器为有源电子控制器，易受振动、温湿度等环境因素影响，易发生故障，对于消防水泵、防排烟风机等专用的消防设备，不应采用此类有源控制器。本条对有源控制器控制消防水泵、防排烟风机等专用消防设备作了限制使用。

消防水泵、防排烟风机等可采用直接启动方式、星三角启动或自耦变压器降压启动方式。

对于平时与火灾时兼用的消防风机，若平时工况需要变频运行时，可以采用变频控制器控制，但在消防状态时，应采用旁路接触器短接变频器，接通电动机的工频运行回路，消防风机做工频运行。

对于地铁及隧道内平时与火灾时兼用的消防风机的控制，可按地铁相关规范执行。

5.4 其他各类电气设备及保护装置

5.4.1 根据现行国家标准《建筑电气与智能化通用规范》GB 55024 的相关要求，在民用建筑中，由于人员密集，发生火灾将会严重危害生命安全和财产安全，应降低火灾危险性。因此，要求采用干式变压器、气体绝缘变压器和非可燃性液体绝缘变压器。

民用建筑内变压器可根据具体情况选择，干燥场所可选择绕线干式变压器或浇注干式变压器；潮湿场所可选择浇注干式变压器；电压等级 35 kV 及以上的场所可选择气体绝缘变压器；在绿色建筑中，可选择非可燃液体绝缘变压器。用于变压器绝缘的非可燃性液体有四氟乙烷、碳氟氧等。

当采用 35 kV 及以上电压等级供电时，变电所设备布置应符合现行国家标准《35 kV～110 kV 变电站设计规范》GB 50059 的相关规定。

5.4.3 高低压电容器组的框(台)架、柜体等采用非燃烧材料，其目的是防火或防止火灾事故蔓延。导体的允许电流、动热稳定是导体选择及满足安全运行的两个必要条件。

5.4.4 本条主要是参照现行行业标准《空气绝缘母线干线系统(空气绝缘母线槽)》JB/T 8511、《密集绝缘母线干线系统(密集绝缘母线槽)》JB/T 9662 的相关规定。

5.4.5 ATSE 作为自动切换开关，主要功能是满足一路电源失电时，快速地投切到另一路电源以保证供电电源的连续性。其中间位应有隔离状态的明显指示标志。应急照明负荷由于切换时间的要求，不宜采用CB级ATSE作为电源切换装置。

5.4.7 宜选用具有检测SPD劣化功能并带有通信接口的SPD，SPD专用脱离器宜能遥测、遥控并带有自重合功能。

专用脱离器可以兼顾对短路电流和工频续流的保护，工频续流是火灾隐患之一。从目前设计应用现状看，很多设计存在脱离器选型过小或不标注参数等现象，可能造成在雷电流通过时脱离器爆炸或损坏。

5.4.8 目前，电气引起的火灾越来越多，火灾损失也越来越大，尤其小型租售式商场摊位、批发市场、集贸市场等场所，人员密集，管理混乱，大部分工作人员又不懂电气，乱拖电气设备、乱接电线现象很普遍，经常出现电气短路、电线过载发热，最终引起电气火灾。设置能快速切断故障电路的电气防火限流式保护器或能达到相同功能的产品，能有效预防火灾的发生。

为保证产品质量，电气防火限流式保护器应具有国家、行业认定的质量证明文件。

5.4.9 电弧故障保护电器(AFDD)的要求见现行国家标准《电弧故障保护电器(AFDD)的一般要求》GB/T 31143。我国不允许使用带不间断中性极的AFDD，单级两个电流回路的AFDD，因具有不可开断中性线，其使用在我国受到相关安装标准的制约。

美国国家电气规范(NEC)，2002年版将AFDD的保护范围从卧室插座回路扩展到整个卧室配电回路；2008年版，在所有的家庭住宅中，AFDD保护范围由卧室配电回路扩展到了所有单相15 A及20 A回路。经美国这么多的实践证明，AFDD在家居系统中，可以大大降低电气火灾危险。

建筑物高度大于12 m的照明回路，宾馆内的冰箱和电热水器等长期使用插座的场所，前端设置AFDD，可以从源头预防电气火灾，降低火灾危险。

5.4.10 本条要求系针对电动汽车充电设施末端配电箱的配出

回路,而对于电动汽车充电设施本身,出厂时一般具备下列保护功能:

(1) 交流充电桩:过流保护,短路保护,过欠压保护,防雷保护,漏电保护,防火保护,接地连续性监测,充电故障报警、功率监测、意外带电切断保护,接触器粘连监测,防尘防水结构保护,防护等级不应低于 IP54。

(2) 非车载充电机:除具备上述第 1 款所要求的保护外,一般还具备:急停保护、枪温监测、充电枪过温降额保护、充电电流监测、绝缘故障保护、柜门打开保护、电池反接(极性错配)保护、车端电池电压电流异常保护告警;宜具备水浸保护、烟雾保护、低温凝露保护、防锈防盐雾保护以及可用负载电流实时调节功能。

6　电气综合管理平台

6.1　一般规定

6.1.1　原规程中，为了更好地预防电气火灾隐患，简化供配电系统附属设备安装，综合利用各辅助系统数据，提高供配电系统安全可靠性，降低设备能耗，引入了电气综合监控系统（构架示意图参见图 4）。

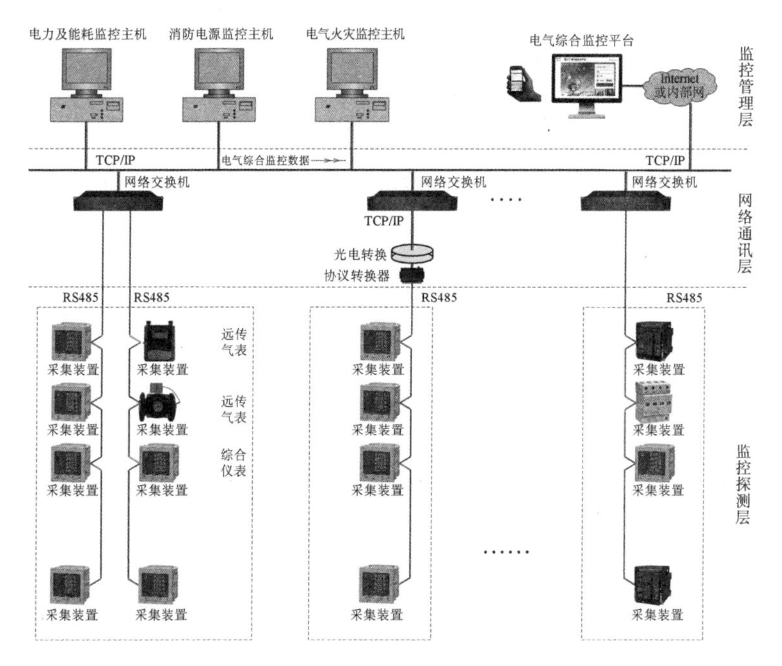

图 4　电气综合监控系统构架示意图

从过去的工程实际执行效果看，电气综合监控系统打通了各子系统的数据，客户可以在一个系统里查看、分析多系统的数据和报警信息，在客户后期运维管理中发挥了积极作用。但底层的数据采集、分析缺乏整合，从而不能实现多参数的边缘计算，未能实质性地提升电气火灾监控的有效性，同时还存在各子系统在通信协议、采样频率、传输速率等各方面差异很大，事件的时序准确度较低、布线多且复杂等问题。

本次修订进一步将供配电系统的附属监控系统提升为物联网架构的电气综合管理平台（构架示意图参见图5），并引入边缘计算能力更强的电气综合监控单元概念，旨在进一步提升数据采集、数据融合、数据分析、数据交互的能力，从而实质性地提升电气火灾监控的有效性、故障预判能力和故障诊断能力。

电气综合管理平台采用三层结构：感知层、传输层和管理层，可扩展性、开放性、实时性、简洁性更优，可以与各类应用主机（系统）通过标准协议进行数据交互。

感知层是物联网的基础，感知设备在对物理世界感知的过程中，完成数据采集、分析处理、计算和存储等任务，并具有通信能力，将相关数据、信息通过传输层传输给平台管理层。

传输层是感知层数据上传的通路，包括有线和无线网络及网关、交换机等设备。

管理层是对配电系统整体的数据和信息进行汇总、分析和存储，完成故障分类、分级管理及能耗的分类、分区统计，为用户提升配电系统安全和节能等提供决策依据，并可与其他应用管理主机（系统）进行数据交互。

6.1.2 本条补充了电气防火等级为特级的公共建筑要求。

6.1.3 平台管理层将电气回路的（阻性）剩余电流、线缆温度、故障电弧告警、电气防火限流式保护器状态等信息，通过独立专用网传输至电气火灾监控主机；将消防用电设备常用电源和备用电源的工作状态、欠压报警、过载报警等信息，通过独立专用网传输

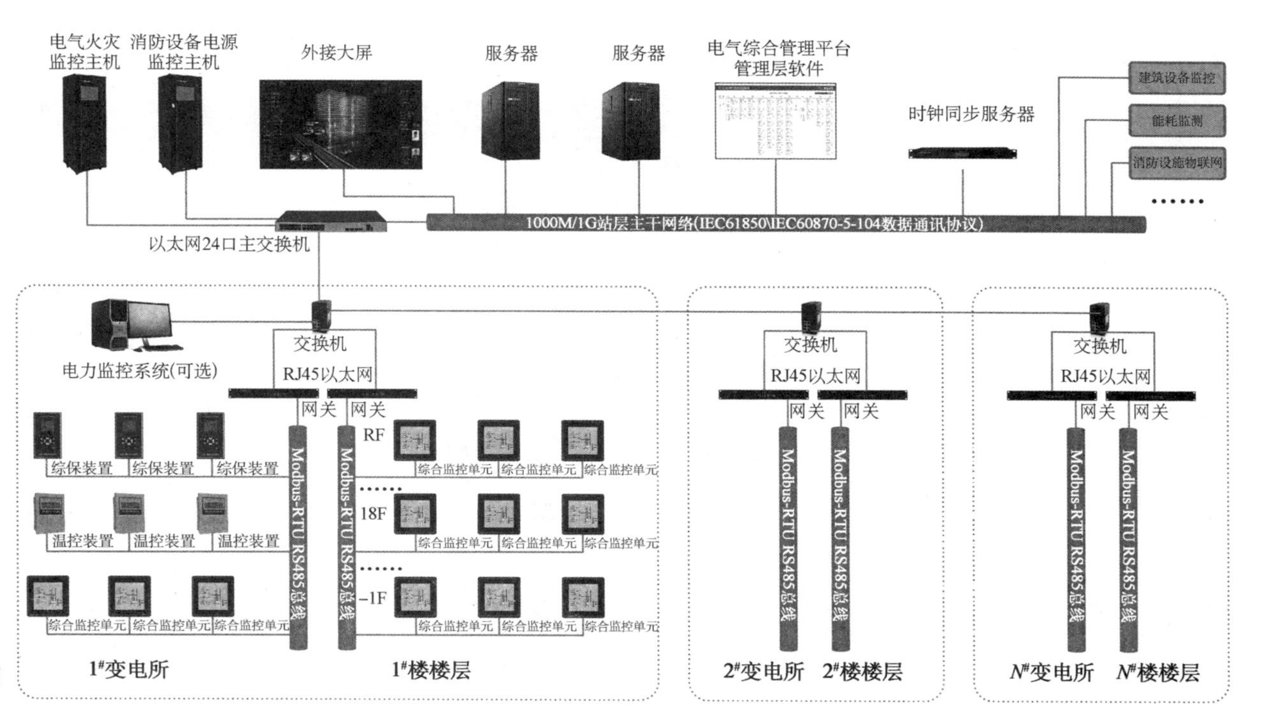

图 5　电气综合管理平台构架示意图

至消防设备电源监控主机。平台管理层具有电力监控、能耗监测、防雷监控、建筑设备监控等功能，如客户在便利性（就近设备端）、功能性等方面有更高要求时，可设置专业应用软件，与平台管理层进行数据交互。

6.2 感知层

6.2.1 配电系统中的感知设备包括微机综保装置、变压器温控仪、电气综合监控单元、多功能仪表、剩余电流式电气火灾探测器、测温式电气火灾监控探测器、故障电弧探测器、消防设备电源监控传感器、电气防火限流式保护器、雷击次数记录仪、雷电峰值记录仪、输入输出模块等多种设备。

6.2.2 本条规定了除电气防火等级为特级公共建筑要求以外，还需要重点关注的其他建筑类型。本条所列公共建筑均为火灾危险性大，发生火灾时对生命和财产影响巨大的建筑物。通过设置电气综合监控单元，平台可以更全面地掌握电气系统的健康状况，及时发现电气火灾等故障隐患。

各种不同类型建筑的分级参考的标准主要有：《数据中心设计规范》GB 50174、《体育建筑设计规范》JGJ 31、《剧场建筑设计规范》JGJ 57、《电影院建筑设计规范》JGJ 58、《博物馆建筑设计规范》JGJ 66、《展览建筑设计规范》JGJ 218、《旅馆建筑设计规范》JGJ 62、《档案馆建筑设计规范》JGJ 25、《图书馆建筑设计规范》JGJ 38、《商店建筑设计规范》JGJ 48、《交通建筑电气设计规范》JGJ 243、《金融建筑电气设计规范》JGJ 284 等。

医疗建筑的分级参考了国家卫生部（卫健委）颁布的《医院分级管理办法》及《医院分级管理标准》中的相关规定，将医院分成一、二、三级，其中：一、二级医院分别分为甲、乙、丙三等，三级医院分为特、甲、乙、丙四等，一共三级 10 等。

6.2.3 本条主要结合平台功能性和经济合理性考虑，明确电气综合监控单元需要设置的位置。

第1款，变电所是建筑物电力供电系统的最重要部位，在变电所低压柜出线侧同时涉及电力监控和电气火灾监控两种功能的情况较多，同时考虑低压柜出线侧供电线路长、供电范围广等因素，本款规定应采用功能更多、性能更高的电气综合监控单元作为感知设备。

第2款，本款规定是基于平台数据分析需求及经济合理性考虑的。当采用单一功能的感知设备（如能耗监测仪表、消防设备电源监控传感器等）时，需考虑通信方式应满足平台及传输层的要求。

6.2.5 变电所出线侧因下端线路长、负载多，剩余电流式电气火灾探测极易发生误报警，因查找范围过大而很难找到问题点，同时，抽屉柜安装剩余电流互感器和监控探测器也存在诸多不便，建议变电所低压柜出线侧的电气火灾监控采用故障电弧探测＋温度探测；第一级配电柜（箱）处可以采用剩余电流探测＋温度探测、故障电弧探测＋温度探测或剩余电流探测＋温度探测＋故障电弧探测等功能组合方式。当采用剩余电流式探测器时，需充分考虑变频、整流等设备带来的容性剩余电流的影响。

6.2.6 根据现行国家标准《消防应急照明和疏散指示系统技术标准》GB 51309 的相关规定，应急照明集中电源有相应监测控制要求。EPS 电源装置在民用建筑中通常用于应急照明的备用电源，因此本次修订取消了相关的监测要求。

6.2.7 随着国家双碳政策的实施，储能技术在民用建筑中也将会得到越来越广泛地应用。因此，本条增加了对储能系统的监测感知要求。

6.2.8 太阳能光伏发电系统在民用建筑中也广泛实施，因此增加了光伏系统电源的电涌保护监测要求。

6.3 传输层

6.3.2 有线通信稳定性、传输速度更好，适合数据量大且实时性要求高的设备，如微机综保装置、变压器温控仪、电气综合监控单元、多功能仪表等感知设备；数据量小的感知设备，如消防设备电源监控传感器、电气防火限流式保护器、故障电弧探测器、能耗计量表、开关状态、电涌状态等相关感知设备可采用无线通信。

6.3.3 考虑电气综合管理的架构变化，感知层设备会共用部分传输设备，同时电气综合监控单元数据量也会显著高于单一功能感知设备，为保证数据传输的及时性和稳定性要求，故规定每个总线回路感知层设备不宜超过 25 个。

6.4 管理层

6.4.1 近年来，信息世界与现实世界交互融合的趋势日趋显著，一个全新的“第三世界”——信息物理空间正在形成。信息物理空间在学术界被称为 CPS(Cyber-Physical System)，即把计算能力、通信能力和感控能力深度嵌入物理过程，并利用反馈循环进行有效控制，实现物理世界与信息世界的互联和协同。CPS 有着广阔的应用前景和不可估量的市场规模，不少国家高度重视并予以支持与资助，取得了积极的研究进展。

6.4.2 配电系统安全性同样是个系统性问题，非只限于电气火灾监控系统的范围内，如 LED 照明、变频设备、智能设备等大量应用，会因高次谐波含量过高造成区域内配电回路 N 相电流的急剧增加，甚至出现过载的情况，如果保护选择不当亦会带来安全隐患；系统内频繁出现过载、过压等异常状况、开关的级联与选择性、不同级的 ATS 延时设置等同样涉及配电系统的安全，电气综合管理平台可基于完整的数据，结合运行数据及故障诊断，发现问题、分析问题、解决问题，逐步提升系统的安全性。

同时，平台可以定义故障分级，并统计、分析各类故障发生的次数，管理者可以通过同比及与外部比较，设置考核目标，有效地推动系统安全性的提升。

6.4.4 管理层软件应支持弹性部署，实现就地监控及 Web 数据分析浏览功能，数据库、运行态、配置态等功能模块既可以独立部署在不同的服务器上，也可以部署在同一台服务器上，以满足不同规模的平台应用的场景。软件应提供具有丰富的绘图工具、动态数据及其他图形的连接手段，操作员能够生成、编辑、修改、存储、显示、打印各类接线图、趋势曲线图、饼图、表格等。同时考虑平台管理层信息、内容较多，客户可以通过大屏进行直观、全面地展示。

6.4.5 电气综合管理平台因其专业性较强，又与电气安全、运维管理息息相关，其主要的使用者应该是电气专业工程师，同时考虑平台涉及消防相关的电气火灾监控、消防设备电源监控等内容，建议管理层主机设置在变配电所或消防控制室。在值班室、物业办公室等可设置工程师工作站，方便电气工程师进行 Web 数据分析浏览。

较易实现时间同步也是平台架构的优势之一，基于同一时间基准运行，能更好地满足事件顺序记录(SOE)、故障录波、数据采集时间一致性的要求，平台管理层可引入同步时钟服务器，常见的对时方式有脉冲对时(PPS、PPM、PPH)、串行口对时方式、网络时间协议(NTP、SNTP、PTP)、IRIG-B 码对时等。不同的对时方式存在较大的精度差异，建议根据项目需求选择适合的对时方式。

7 消防应急照明和疏散指示系统

7.1 消防应急照明

7.1.1 疏散照明最低照度要求，结合了现行国家标准《建筑消防通用规范》GB 55037 和《消防应急照明和疏散指示系统技术标准》GB 51309 的相关要求，补充了医疗建筑、无自然采光卫生间等场所疏散照明照度加强要求。

7.1.3 第 2 款指的现金交易场所是指具有大量现金交易的场所，如银行柜台等，不包括商业柜台、收银台等小量现金场所。

7.1.4 非火灾状态下，系统主电源断电后，应急照明灯具点亮时间可以在 0～0.5 h 范围内，由设计确定。

7.2 疏散指示标志

7.2.3 老年人公共活动用房指用于老年人集中休闲、娱乐、健身等用途的房间，如公共休息室、阅览或网络室、棋牌室、书画室、健身房、教室、公共餐厅等。考虑到老年人的行动能力和应急反应能力下降，为了方便聚集的人员在火灾时快速疏散，故在此类房间门口增加出口标志灯。

7.2.5 本条要求歌舞娱乐放映游艺场所、影剧院等人员密集的场所设置能保持视觉连续的灯光疏散导流标志。在火灾中，设在地面上或靠近地面的墙上的发光疏散指示标志，能更好地帮助人们在浓烟弥漫的情况下及时识别疏散方向，顺利沿着发光疏散指示标志进行疏散。

第 1 款，根据国家标准《建筑设计防火规范》GB 50016—

2014(2018 年版)第 5.4.9 条的条文说明,歌舞娱乐放映游艺场所为歌厅、舞厅、录像厅、夜总会、卡拉 OK 厅和具有卡拉 OK 功能的餐厅或包房,各类游艺厅、桑拿浴室的休息室和具有桑拿服务功能的客房、网吧等场所,不包括电影院和剧场的观众厅。这类场所逃生环境复杂,一旦发生火灾,快速疏散、降低人员的心理恐慌特别重要,故本款要求应在地面上设置视觉连续的疏散指示标志。

第 4 款,仓储式超市,其疏散通道上无法设置疏散指示标志时,宜在通道上增设连续的灯光疏散导流标志。

第 5 款,主要考虑大卖场等场所由于其货架变动引起疏散通道的改变,采用蓄光型疏散指示标志具有更高的灵活性。但是蓄光型的疏散指示标志只能作为辅助疏散指示标志,在不便于设置地面灯光疏散指示标志的局部地面部位使用。

7.2.6 第 1 款,受净高限制安装高度不满足要求时,标志灯可安装于门框侧边缘,其上边缘可与门框顶齐平。

第 2 款,门厅、多功能厅等场所,经常疏散出口有多个门相连,可以仅在中间的一扇疏散门内侧正上方设置出口标志灯,疏散人员根据标志灯指示,疏散到门口,无需提醒即可知道这几处门均为出口。

7.2.7, 7.2.8 火灾初期产生的高温烟气首先上升到棚顶,然后在重力作用下,由棚顶向下扩散、蔓延。为了避免火灾初期产生的烟雾遮挡标志灯,影响人员清晰识别标志灯的指示标志,方向标志灯宜优先选择低位安装;在受条件影响,无法低位安装时,如大空间场所或者无维护结构的疏散走道,可以悬挂安装,设置于疏散走道的上方。当方向标志灯与疏散方向平行时,受视角影响,疏散人员需要与标志灯有一定距离后,方能看清疏散方向。为了保障疏散人员清晰辨认标志灯的指示标志,规定了标志面的不同设置方式对不同规格标志灯的设置间距要求。

8 电线电缆的选择与敷设

8.1 一般规定

8.1.1 现行国家标准《阻燃和耐火电线电缆或光缆通则》GB/T 19666 中规定了电线电缆燃烧特性，包括阻燃、耐火、无卤、低烟、低毒，其中：成束敷设的电缆阻燃特性分为 ZA、ZB、ZC、ZD 四种类别。各种燃烧特性的试验方法要求参见表 2～表 5。

表 2 成束阻燃性能

<table>
<tr><th>代号</th><th>试样非金属材料体积
(L/m)</th><th>供火时间
(min)</th><th>合格指标</th><th>试验方法</th></tr>
<tr><td>ZA</td><td>7</td><td>40</td><td rowspan="4">试样上碳化的长度最大不应超过喷灯底边以上 2.5 m</td><td>GB/T 18380.33</td></tr>
<tr><td>ZB</td><td>3.5</td><td>40</td><td>GB/T 18380.34</td></tr>
<tr><td>ZC</td><td>1.5</td><td>20</td><td>GB/T 18380.35</td></tr>
<tr><td>ZD[a]</td><td>0.5</td><td>20</td><td>GB/T 18380.36</td></tr>
</table>

注：[a]适用于外径小于或等于 12 mm 的电线电缆或光缆以及导体标称截面积小于或等于 35 mm^2 的电线电缆。

表 3 耐火性能

<table>
<tr><th>代号</th><th>适用范围</th><th>试验温度
及时间</th><th>试验电压</th><th>合格指标</th><th>试验方法</th></tr>
<tr><td rowspan="3">N</td><td>0.6/1 kV
及以下电缆</td><td rowspan="3">90 min 供火+15 min 冷却</td><td>额定电压</td><td>1) 2 A 熔断器不断
2) 指示灯不熄灭</td><td>GB/T 19216.21</td></tr>
<tr><td>数据电缆</td><td>(110±10)V</td><td>1) 2 A 熔断器不断
2) 指示灯不熄灭</td><td>GB/T 19216.23</td></tr>
<tr><td>光缆</td><td>—</td><td>最大衰减增量由产品标准规定或工序双方协商确定</td><td>GB/T 19216.25</td></tr>
</table>

续表3

代号	适用范围	试验温度及时间	试验电压	合格指标	试验方法
NJ	0.6/1 kV及以下外径小于或等于20 mm电缆	120 min	额定电压	1) 2 A熔断器不断 2) 指示灯不熄灭	IEC 60331-2
	0.6/1 kV及以下外径大于20 mm电缆				IEC 60331-1
NS	0.6/1 kV及以下外径小于或等于20 mm电缆	120 min 最后15 min水喷淋	额定电压	1) 2 A熔断器不断 2) 指示灯不熄灭	GB/T 19666
	0.6/1 kV及以下外径大于20 mm电缆	120 min 最后15 min水喷射	额定电压	1) 2 A熔断器不断 2) 指示灯不熄灭	GB/T 19666

表4　无卤性能

代号	试验项目	单位	合格标准	试验方法
W	酸度和电导率试验 —pH值 —电导率	 — μS/mm	 ≥4.3 ≤10	 GB/T 17650.2 GB/T 17650.2
	卤酸气体释出量试验 —HCl和HBr含量 —HF含量	 % %	 ≤0.5 ≤0.1	 GB/T 17650.1 IEC 60684-2:2011中45.2
	卤素含量[a] —Cl —F —Br —I	 mg/g mg/g mg/g mg/g	 ≤1.0 ≤1.0 ≤1.0 ≤1.0	IEC 60754-3

注：[a] 非强制要求的试验项目，可根据需要选择使用。

表 5 低烟性能

代号	试样外径 d(mm)	试样根数	最小透光率	试验方法
D	$d>40$	1	60%[b]	GB/T 17651.2
	$20<d\leqslant 40$	2		
	$10<d\leqslant 20$	3		
	$5<d\leqslant 10$	$45/d$[a]		
	$1\leqslant d\leqslant 5$	$(45/3d)\times 7$[b]		

注:1 [a] 计算值取整数部分。

2 [b]外径大于 80 mm 的电缆或光缆的最小透光率试验结果应乘以系数(d/80)作为最终结论。

低毒性能指数(ITC)不应大于 5,并应按下式计算:

$$ITC=\frac{100}{m}\sum\frac{M_Z}{CC_Z} \tag{1}$$

式中:m——试样的质量(g);

M_Z——试样燃烧后产生气体 Z 的质量(mg);

CC_Z——在气体 Z 中暴露 30 min 的致死浓度,即气体 Z 的临界浓度(mg/m^3)。各种气体的临界浓度应符合表 6 的规定。

表 6 各种气体临界浓度

气体	临界浓度(mg/m^3)
一氧化碳 CO	1 750
二氧化碳 CO_2	90 000
二氧化硫 SO_2	260
氧化氮 NO_x	90
氰化氢 HCN	55

8.1.2 现行国家标准《电缆及光缆燃烧性能分级》GB 31247 中规定了电缆的燃烧性能等级,以及燃烧性能等级的附加信息,包括燃烧滴落物/微粒等级、烟气毒性等级和腐蚀性等级。具体等级划分及分级判据见表 7~表 10。

表 7 燃烧性能等级及分级判据

燃烧性能等级	试验方法	分级判据
A	GB/T 14402	总热值 PCS≤2.0 MJ/kg[a]
B_1	GB/T 31248 (20.5 kW 火源)	火焰蔓延 FS≤1.5 m; 热释放速率(HRR)峰值≤30 kW; 受火 1 200 s 内的热释放总量 $THR_{1\,200}$≤15 MJ; 燃烧增长速率指数 FIGRA≤150 W/s; 产烟速率(SPR)峰值≤0.25 m^2/s; 受火 1 200 s 内的产烟总量 $TSP_{1\,200}$≤50 m^2
	GB/T 17651.2	烟密度(最小透光率)I_t≥60%
	GB/T 18380.12	垂直火焰蔓延 H≤425 mm
B_2	GB/T 31248 (20.5 kW 火源)	火焰蔓延 FS≤2.5 m; 热释放速率(HRR)峰值≤60 kW; 受火 1 200 s 内的热释放总量 $THR_{1\,200}$≤30 MJ; 燃烧增长速率指数 FIGRA≤300 W/s; 产烟速率(SPR)峰值≤1.5 m^2/s; 受火 1 200 s 内的产烟总量 $TSP_{1\,200}$≤400 m^2
	GB/T 17651.2	烟密度(最小透光率)I_t≥20%
	GB/T 18380.12	垂直火焰蔓延 H≤425 mm
B_3	未达到 B_2 级	

注:[a]对整体制品及其任何一种组件(金属材料除外)应分别进行试验,测得的整体制品的总热值以及各组件的总热值均满足分级判据时,方可判定为 A 级。

表 8 燃烧滴落物/微粒等级及分级判据

等级	试验方法	分级判据
d_0	GB/T 31248	1 200 s 内无燃烧滴落物/微粒
d_1		1 200 s 内无燃烧滴落物/微粒持续时间不超过 10 s
d_2		未达到 d_1 级

表 9　烟气毒性等级及分级判据

等级	试验方法	分级判据
t_0	GB/T 20285	达到 ZA_2
t_1		达到 ZA_3
t_2		未达到 t_1 级

表 10　腐蚀性等级及分级判据

等级	试验方法	分级判据
a_1	GB/T 17650.2	电导率≤2.5 μS/mm 且 pH≥4.3
a_2		电导率≤10 μS/mm 且 pH≥4.3
a_3		未达到 a_2 级

8.1.4　由于阻燃、耐火电线电缆的特殊性，为了确保其产品质量达到试验标准所规定的要求，应按国标试验标准所规定的条件进行全性能检测。

全性能检测包括电气性能、绝缘性能、护套的拉力性能、耐压指数性能、阻燃性能及耐火性能等。电缆的电气性能、绝缘性能与阻燃耐火性能是相互影响的，有些厂商为了满足电缆的阻燃耐火性能而牺牲了电气性能和绝缘性能，因此本条要求电缆厂商提供全性能型式检测报告，以避免这些问题的发生。即要求送检的同一根电缆，既要做阻燃耐火测试，又要做电气性能和绝缘性能测试。

8.1.6　本标准中所指的穿管暗敷是指采用电线电缆穿金属管或阻燃型硬塑料管敷设在不燃体结构内，且保护层厚度不小于30 mm。在吊顶、架空地板、轻质墙体材料内敷设的管线不在本标准所指的暗敷范围内。

8.1.7　本条强调的是电线电缆在成束敷设时，必须采用阻燃电线电缆。这是因为多根电线电缆成束敷设在同一通道内时，当电线电缆引燃后，释放热量大增，但向空间的散热量不同步递增，此时如释放热等于吸热（包含散热），则维持燃烧；若释放热大于吸热(包含散热),则燃烧趋旺。

8.1.8 本条规定了为消防设备和重要负荷等供电的电线电缆应采用耐火电线电缆或耐火母线槽,保证在火灾时能维护供电,应包括从电源点起至用电设备的所有供电线路。

8.1.9 本条强调的是:

1 选用阻燃或耐火电缆必须标明其阻燃类别,而以往笼统地标注为“ZR”体现不出成束敷设电缆的阻燃类别。

2 耐火电缆也要根据使用场所和敷设条件选择阻燃类别。因为非阻燃的耐火电线电缆在成束敷设时,当燃烧时有延燃性,所以在选用耐火电缆时也应考虑选择相应的阻燃类别。

3 同一建筑物内选用的阻燃或耐火电缆,其阻燃类别宜相同,主要考虑两点:一是在同一通道内的电缆其阻燃类别应一致;二是电缆敷设的整体连续性。因为在同一通道内敷设的阻燃电缆,在经过成束密集度较高的桥架敷设分支引至成束密集度较低的桥架敷设时,数量少了,其敷设环境是改善了,但无法将一根电缆截然分开成两个阻燃类别,因此只能将其阻燃类别统一并采用较高的阻燃类别。

8.1.10 设置在 150 m 及以上的变电所供电的高压电缆的电压等级通常为 6 kV~10 kV。垂吊电缆是一种专门为超高层建筑研制的高压电缆,目前在国内建成的超高层项目中已有应用。

8.1.11, 8.1.12 在火灾事故死亡人数中,80%不是直接烧死的,而是由于烟雾和毒气窒息而死。浓烟,既使人陷入极度恐慌不知所措,又使人难以呼吸而直接致命。由 PVC 燃烧后产生的烟雾,其毒性指数高达 15.01,人在此浓烟中只能存活 2 min~3 min。

浓烟的另一个特征是随热气流升腾奔突且无孔不入,其移动速度比火焰传播快得多(可达 20 m/min 以上)。因此,在电气火灾中,烟密度的大小是决定火场中人员存活和逃离的一个重要因素。烟,是燃质在燃烧过程中产生的不透明颗粒在空气中的飘浮物。它既决定于材质燃烧时的充分性,又与燃烧物被烧蚀的量有关。燃烧越容易越充分就越少有烟。比如聚乙烯，氧指数只有18，在空气中极易燃烧，火色明亮、纯净、无烟。而聚氯乙烯(PVC)就大不相同，由于它在C-H分链上接有CL原子，卤素的存在使材质燃烧极不充分，氧指数从聚乙烯的18提高到26。

由于PVC材质的高发烟率和较高的毒性指数，因此欧美在20世纪90年代起减少和禁止VV、ZRVV之类的高卤型电缆的使用，而代之以无卤低烟洁净型电缆。

为了对生命安全负责，考虑在人流密集的场所，人流难以疏散的地方，采用无卤低烟型电线电缆，从而尽可能地在火灾发生时争取到更多的逃生时间。

8.1.13 由于学校、幼儿园、托儿所、医院、老年照料设施等特殊的建筑中，人员自身的逃生自救能力相对较弱，火灾发生时造成人员伤亡的程度可能更加严重，因此，本标准要求上述建筑内的明敷配电线路应选用无卤低烟低毒型电线电缆。根据现行国家标准《阻燃和耐火电线电缆或光缆通则》GB/T 19666的规定，低毒性能是指电缆燃烧时产生的毒性烟气的毒效和浓度不会在30 min内使活体生物产生死亡的特性。

8.2 普通设备配电线路的选用

8.2.1 同一通道内电线电缆的非金属含量是选择电线电缆阻燃类别的最基本判据。另外，本条根据建筑物的性质，以及火灾发生后对生命财产的危害程度和扑救难易程度，对不同等级的建筑物内敷设的电线电缆应选用的阻燃类别作出相关规定。但从一些实际工程项目中建筑物内敷设电缆的状况来看，部分通道内电缆若按照同一通道内电线电缆的非金属含量限值来选用阻燃类别，会高于本条中的规定。因此，本条是对不同电气防火等级场所电线电缆的阻燃类别选用作出最低要求。

由于电线大多是绝缘层与护套层合一的，与电缆相比，线径相对小，非金属材料的表面积大，要通过较高阻燃类别试验标准难度较大，尤其是小截面电线更是不易。在实际工程中，电线尤其是小截面电线需要与高阻燃类别的电缆在同一通道内敷设的情况几乎不大可能。因此，同一建筑内，电线的阻燃类别要求比电缆低。根据现行国家标准《阻燃和耐火电线电缆或光缆通则》GB/T 19666 中的试验标准，D 类阻燃电缆适用于线径不超过 12 mm 或截面不超过 35 mm^2 的电线，并且，从大多数电线生产厂商提供的产品来看，35 mm^2 电线的线径都在 12 mm 以下。因此，把电线的阻燃类别与电缆的阻燃类别区分选择是合理的。

8.2.2 对于本条所规定的建筑，由于其业态较多、功能复杂，火灾危险性大且疏散困难，因此，对于该类建筑中使用的电缆，除了满足成束敷设阻燃 A 类外，还要通过现行国家标准《电缆及光缆燃烧性能分级》GB 31247 中所规定的电缆燃烧性能 B_1 级以及燃烧滴落物/微粒 d_0 级、产烟毒性 t_0 级、腐蚀性等级 a_1 级的燃烧试验，并宜满足现行国际标准 NFPA 262 中所规定的水平燃烧试验要求。

现行国家标准《电缆及光缆燃烧性能分级》GB 31247 中规定了不同燃烧性能级别的电缆在燃烧过程中的热释放速率、热释放总量等测试指标，同时，还规定了燃烧滴落物/微粒、产烟毒性、腐蚀性等的判别依据（可参见本标准第 8.1.2 条的条文说明）。

电缆水平燃烧试验要求，试样在规定的燃烧试验条件下需同时满足：最大火焰传播距离≤1.5 m，最大烟密度≤0.5，平均烟密度≤0.15。

8.2.3 同一通道内电线电缆的非金属含量是选择线缆阻燃类别最基本的依据，因为线缆成束敷设时的阻燃性能标准试验是由试样的非金属材料体积来确定的。当线缆成束敷设在有防火封堵措施的通道内时，可允许通道内线缆的非金属含量比试验标准翻倍。但当同一通道成束敷设的电缆的非金属含量超过 14 L/m 时，宜采用中间增设隔板或分通道敷设的方式。目前还出现了阻燃性能高于A类的新型阻燃电缆，在选用此类电缆时，通道中允许的非金属材料总量可按产品检测报告中的数据选取。

8.3 消防设备配电线路的选用

8.3.1 现在超高层建筑和大体量建筑越来越多，建筑内往往设置110 kV或35 kV降压站。由110 kV或35 kV降压站引至建筑内各个分变电所的中压电缆，一般在地下空间或垂直井道内敷设，且分变电所通常也需要为消防负荷供电，因此，本条规定中压电缆也应采用阻燃耐火电缆。当中压电缆仅在变配电所内部敷设时，可不作此要求。

当中压电缆采用埋地方式引入建筑物变配电所时，电缆在建筑物内公共区域敷设的部分应采用防火槽盒保护。

8.3.2 本条主要规定了不同类型消防用电设施的供电电缆要求。

第1款，对于高度大于250 m的超高层建筑，考虑到电梯对于消防救援和疏散的重要性，除要求消防电梯和辅助疏散电梯供电线路满足耐火温度950℃、持续供电时间不小于180 min外，还要求其燃烧性能等级能满足现行国家标准《电缆及光缆燃烧性能分级》GB 31247中的A级试验要求。

第2款，电流在630 A以上的配电回路，需采用3拼电缆，施工比较困难，容易出现故障。为保障供电的可靠性，建议采用耐火母线槽。耐火母线槽的防火、耐火性能应满足本标准第5.4.4条第3款的相关要求。同时，多数项目经验表明，为消防设备供电的耐火母线需要在建筑物的走道等公共空间内敷设，为防止火灾发生期间水喷淋对母线供电的影响，对其防护等级作出相应规定，并应按照现行国家标准《外壳防护等级(IP代码)》GB 4208的试验方法进行。

第3款，消防设备的供电线路，应满足火灾时消防设备的最少持续运行时间的要求。对于设计火灾延续时间为 3 h 的建筑，条文所规定的消防用电设备的供电电缆应采用耐火温度 950℃、持续供电时间不小于 180 min 的消防用电缆；对于设计火灾延续时间为 2 h 的建筑，条文所规定的消防用电设备的供电电缆可采用耐火温度 950℃、持续供电时间不小于 120 min 的消防用电缆；对于设计火灾延续时间为 1 h 的建筑，条文所规定的消防用电设备的供电电缆可采用耐火温度 950℃、持续供电时间不小于 90 min 的消防用电缆。根据现行国家标准《民用建筑电气设计标准》GB 51348 的要求，在火灾发生期间，喷淋泵的最少持续供电时间为 60 min，防排烟风机的供电时间不低于建筑内应急照明的供电时间，但为了便于设计，同时考虑到实际工程情况，将喷淋泵、防排烟风机的配电干线与消火栓泵等统一规格。不同建筑、场所的设计火灾延续时间，应符合现行国家标准《建筑防火通用规范》GB 55037 的相关规定。

配电干线应包括从建筑物内变配电所或总配电室至相应消防设备的双电源切换箱以及由双电源切换箱至消防设备控制箱的供电线路。当消防设备的双电源切换箱与其供电的消防设备控制箱在同一设备机房内时，由双电源切换箱至消防设备控制箱的供电线路可采用本条第 4 款规定的耐火电缆供电。

第 4 款，对于消防设备机房内的供电线路，由于机房内本身发生火灾的概率较低，同时，机房通过防火墙、防火门与建筑内其他区域分割，具有一定的防火保护措施。因此，从经济合理的角度上考虑，本款规定可以采用较低等级的耐火电线电缆供电。

对于消防设备的手动控制线路、火灾自动报警系统的联动控制线路、消防应急照明等配电线路，在实际工程中，通常都采用暗敷方式。考虑到建筑本身的结构体具有一定的耐火极限，结合工程实际，规定了此类消防线路的耐火温度及持续供电时间要求。

现行中国建筑学会标准《消防用电线电缆耐火性能实验方法》T/ASC 6002 中规定了消防用电线电缆耐火性能分类及试验

方法，将消防用电线电缆的耐火性能分为六类，见表11。

表11　消防用电线电缆的耐火性能

耐火类别	代号	试验温度及时间	试验电压	合格指标	试验方法
一类	NH1	950℃，180 min	额定电压	1）2 A熔断器不断 2）指示灯不熄灭	T/ASC 6002
二类	NH2	950℃，120 min	额定电压	1）2 A熔断器不断 2）指示灯不熄灭	T/ASC 6002
三类	NH3	950℃，90 min	额定电压	1）2 A熔断器不断 2）指示灯不熄灭	T/ASC 6002
四类	NH4	830℃，180 min	额定电压	1）2 A熔断器不断 2）指示灯不熄灭	T/ASC 6002
五类	NH5	830℃，120 min	额定电压	1）2 A熔断器不断 2）指示灯不熄灭	T/ASC 6002
六类	NH6	830℃，90 min	额定电压	1）2 A熔断器不断 2）指示灯不熄灭	T/ASC 6002

8.3.3　当放射式配电干线需要中间接头时，不应超出1个，且电缆接头应设置在具有防火保护措施的机房或管井内或者能通过与电缆本体相同的耐火试验，以保证供电的可靠性。由于施工现场的环境恶劣，受潮湿、粉尘等因素的影响，容易破坏电缆的电气性能，因此本标准不建议电缆采用T接方式供电。

8.4　电线电缆的敷设

8.4.1　为防止火灾发生时事故范围的扩大，电缆桥架在穿越不同的防火分区时应加以封堵。为防止电缆竖井在火灾发生时所产生的烟囱效应，电缆桥架应在穿越每一层楼板处进行封堵。

8.4.2　封堵后由于散热、通风等环境条件的变化，应按电线电缆相关的散热条件修正系数对电线电缆的载流量进行修正。

8.4.3～8.4.6　对消防设备以及普通设备的供电线路敷设提出

相关的具体要求。

消防设备的供电线路，应根据线路类型选择相应的敷设方式。同时，对于高度大于 250 m 的民用建筑，为保证给同一消防设备供电的配电干线相互之间不受影响，保证火灾发生期间消防供电线路的可靠性，要求其垂直敷设路由做物理分隔，可以采用设置两个强电配电间的方案：一个作为普通设备配电间，另一个作为应急设备配电间。应急配电间内设置消防专用配电箱和消防设备供电的一路干线，消防设备供电的另一路干线可设置在普通配电间内。普通配电间内设置的消防配电线路（桥架）与其他配电线路（桥架）应分别布置在配电间的两侧。应急配电间与普通配电间建议贴临布置，中间用防火墙分割。

8.4.7 采取防火封堵措施主要目的是防止火灾蔓延到不同的防火分区。

8.4.8 一般通道（主要指垂直井道、水平桥架、线槽等）宜采用防火胶泥封堵。电缆竖井当采用矿棉板加膨胀型防火堵料组合成的膨胀型防火封堵系统，在封堵垂直段竖井时，封堵处上方应使用容重为 160 kg/m^3 以上的矿棉板，并在矿棉板上开好电缆孔，防火封堵系统与竖井之间应采用膨胀型防火密封胶封边，系统与电缆的其他空间之间应采用膨胀型防火密封胶封堵，密封胶厚度凸出防火封堵系统面不应小于 13 mm，贯穿电缆横截面应小于贯穿孔洞的 40%。

室外电缆沟、室内电缆沟的以下部位及电缆束穿墙处，应使用防火灰泥加膨胀型防火堵料组合的阻火墙：电缆沟，电缆隧道由室外进入室内处；长距离电缆沟每隔 50 m 处。电缆沟穿越防火分区处在封堵完成后，孔洞两侧电缆涂刷防火涂料长度不应小于 1 m，干涂层厚度不应小于 1 mm。